21世纪高职高专公共课程"十二五"规划教材

程序设计基础
（C 语言）

孔　璐　方　灵　主　编

熊阿伟　吴　婷　马彦芬　副主编

蔡泽光　主　审

中国铁道出版社

CHINA RAILWAY PUBLISHING HOUSE

内 容 简 介

本书是"程序设计基础"精品课程的配套教材。本书分为十一个情境，内容包括：简单 C 程序设计，数据类型、运算符和表达式，顺序结构，选择结构，循环结构，数组，函数，指针，结构体、共用体，文件，综合案例。

本书采用了工学结合、任务驱动的方式编写，以能力培养为主线，使读者能通过案例轻松地学到相应的知识点。每个情境开始给出了案例的要求和需要实现的目标，讲解基础知识和相关内容后，对案例进行分析，并给出实现案例的程序代码和效果图，形成一个完整的案例。本书可以作为高职高专院校 C 语言课程的教材，也可作为计算机爱好者学习的参考用书。

图书在版编目（CIP）数据

程序设计基础：C 语言 / 孔璐，方灵主编.—北京：
中国铁道出版社，2014.2（2018.8 重印）
21 世纪高职高专公共课程"十二五"规划教材
ISBN 978-7-113-17804-8

Ⅰ. ①程… Ⅱ. ①孔… ②方… Ⅲ. ①C 语言—程序设计—高等职业教育—教材 Ⅳ. ①TP312

中国版本图书馆 CIP 数据核字(2014)第 005183 号

书　　名：程序设计基础（C 语言）
作　　者：孔璐　方灵　主编

策　　划：曹莉群
责任编辑：杜　鹃
封面设计：刘　颖
封面制作：白　雪
责任校对：汤淑梅
责任印制：郭向伟

出版发行：中国铁道出版社（100054，北京市西城区右安门西街 8 号）
网　　址：http://www.tdpress.com/51eds/
印　　刷：北京虎彩文化传播有限公司
版　　次：2014 年 2 月第 1 版　　　　2018 年 8 月第 6 次印刷
开　　本：787mm×1 092mm　1/1　印张：14.25　字数：334 千
书　　号：ISBN 978-7-113-17804-8
定　　价：33.00 元

前　言

C 语言是国内外广泛流行的程序设计语言，在操作系统、系统实用程序以及需要对硬件进行操作的场合，用 C 语言明显优于其他高级语言，许多大型应用软件都是用 C 语言编写的。C 语言绘图能力强，可移植性好，并具备很强的数据处理能力，因此适于编写系统软件，三维、二维图形和动画。C 语言是数值计算的高级语言。

常用的编译软件有 Microsoft Visual C++，Borland C++，Watcom C++，Borland C++，Borland C++ Builder，Borland C++ 3.1 for DOS，Watcom C++ 11.0 for DOS，GNU DJGPP C++，Lccwin32 C Compiler3.1，Microsoft C，High C，等等。

本书是"程序设计基础"精品课程的配套教材。它易于入门，易于学习，实用性较强的，是编者在多年从事 C 语言教学及实践应用的基础上总结经验，并参考国内外相关资料编写的。

本书分为十一个情境，包括：情境一简单 C 程序设计；情境二数据类型、运算符和表达式；情境三顺序结构；情境四选择结构；情境五循环结构；情境六数组；情境七函数；情境八指针；情境九结构体、共用体；情境十文件；情境十一综合案例。

本书采用了工学结合、任务驱动的方式编写，以能力培养为主线，使读者能通过案例轻松地学到相应的知识点。每个情境开始给出了案例的要求和需要实现的目标，讲解基础知识和相关内容后，对案例进行分析，并给出实现案例的程序代码和效果图，形成一个完整的案例。本书不仅适用于课堂教学，也适合广大计算机爱好者自学。

本书由孔璐、方灵任主编，熊阿伟、吴婷、马彦芬任副主编。其中情境一、情境二、情境三由吴婷编写，情境四由马彦芬编写，情境五、情境九、情境十由熊阿伟编写，情境十一由方灵编写，情境六、情境七、情境八、附录 A、附录 B、附录 C、附录 D 由孔璐编写。全书由蔡泽光教授主审。

在本书的编写过程中，编者参考了大量有关 C 语言的书籍和资料，在此对这些参考文献的作者表示感谢。

由于编者水平有限，书中疏漏和不足之处在所难免，恳请读者批评指正。

编　者
2013 年 10 月

目　录

情境一 | 简单 C 程序设计

C 语言是 20 世纪 70 年代初问世的。1978 年，美国电话电报公司（AT&T）贝尔实验室正式发表了 C 语言，同时，由 B.W.Kernighan 和 D.M.Ritchit 合著了著名的 *The C Programming Language* 一书，通常简称为《K&R》，也有人称之为《K&R》标准。但是，《K&R》中并没有定义一个完整的标准 C 语言。后来美国国家标准学会在此基础上制定了一个 C 语言标准，于 1983 年发表，通常称之为 ANSI C。

早期的 C 语言主要用于 UNIX 系统。由于 C 语言的强大功能和各方面的优点逐渐为人们认识，到了 20 世纪 80 年代，C 语言开始进入其他操作系统，并很快在各类大、中、小和微型计算机上得到广泛的使用，成为当代最优秀的程序设计语言之一。

C 语言是一种结构化语言，它层次清晰，便于按模块化方式组织程序，易于调试和维护。C 语言的表现能力和处理能力极强，它不仅具有丰富的运算符和数据类型，便于实现各类复杂的数据结构，还可以直接访问内存的物理地址，进行位（bit）一级的操作。C 语言集高级语言和低级语言的功能于一体，实现了对硬件的编程操作。C 语言既可用于系统软件的开发，也适合于应用软件的开发。此外，C 语言还具有效率高、可移植性强等特点。因此广泛移植到了各类型计算机上，从而形成了多种版本的 C 语言。

学习目标

- 掌握 C 语言的基本概念。
- 了解 C 语言程序的基本结构。
- 编写几个简单的 C 程序。

案例描述

编写几个简单的 C 语言程序，分别实现以下功能：

程序 1：输出"你好，同学"。

程序 2：从键盘输入一个班级的学生人数 x，然后判断并输出这个班的学生人数是否高于 30 人。

1.1 C 语言基本知识

C 语言功能强大、使用灵活，既可用于编写应用软件，又能用于编写系统软件，因此 C 语言问世后得到迅速的推广。熟练掌握 C 语言称为计算机开发人员的一项基本功。

1.1.1 C 语言程序的基本结构和书写特点

main 是主函数的名称，表示这是一个主函数。每一个 C 源程序都必须有且只能有一个主函数

（main()函数）。函数调用语句，printf()函数的功能是把要输出的内容送到显示器进行显示。printf()
函数是一个由系统定义的标准函数，可在程序中直接调用。

书写程序时应遵循的规则：

（1）一个说明或一个语句占一行。

（2）用{}括起来的部分，通常表示程序的某一层次结构。{}一般与该结构语句的第一个字母对
齐，并单独占一行。

（3）低一层次的语句或说明可比高一层次的语句或说明缩进若干格后书写，以便看起来更加
清晰，增加程序的可读性。在编程时应力求遵循这些规则，以养成良好的编程风格。

【例 1.1】求一个数的正弦值。

```
#include<stdio.h> /*include 称为文件包含命令扩展名为.h 的文件也称为头文件或首部文件*/
#include<math.h>
main()                                    /*main()函数开始*/
{
    double x,s;                            /*定义两个实数变量，以被后面程序使用*/
    printf("input number:\n");             /*显示提示信息*/
    scanf("%lf",&x);                       /*从键盘获得一个实数 x*/
    s=sin(x);                              /*求 x 的正弦，并把它赋给变量 s*/
    printf("sin of %lf is %lf\n",x,s);     /*显示程序运算结果*/
}                                         /*main 函数结束*/
```

程序的功能是从键盘输入一个数 x，求 x 的正弦值，然后输出结果。main()之前的两行称为预处
理命令（详见后面情境）。预处理命令还有其他几种，这里的 include 称为文件包含命令，其意义是
把尖括号<>或引号""内指定的文件包含到本程序来，成为本程序的一部分。被包含的文件通常是由
系统提供的，其扩展名为.h。因此也称为头文件或首部文件。C 语言的头文件中包括了各个标准库
函数的函数原型。因此，凡是在程序中调用一个库函数时，都必须包含该函数原型所在的头文件。
在本例中，使用了三个库函数：输入函数 scanf()，正弦函数 sin()，输出函数 printf()。sin()函数是数
学函数，其头文件为 math.h 文件，因此在程序的主函数前用 include 命令包含了 math.h。scanf()和
printf()是标准输入/输出函数，其头文件为 stdio.h，在主函数前也用 include 命令包含了 stdio.h 文件。

需要说明的是，C 语言规定对 scanf()和 printf()这两个函数可以省去对其头文件的包含命令。
所以在本例中也可以删去第一行的包含命令#include。

在例 1.1 中，主函数体中又分为两部分，一部分为说明部分，另一部分执行部分。说明是指
变量的类型说明。C 语言规定，源程序中所有用到的变量都必须先说明后使用，否则将会出错。
这一点是编译型高级程序设计语言的一个特点，与解释型的 BASIC 语言是不同的。说明部分是 C
源程序结构中很重要的组成部分。本例中使用了两个变量 x，s，用来表示输入的自变量和 sin()函数
值。由于 sin()函数要求这两个量必须是双精度浮点型，故用类型说明符 double 来说明这两个变量。
说明部分后的 4 行为执行部分或称为执行语句部分，用于完成程序的功能。执行部分的第一行是输
出语句，调用 printf()函数在显示器上输出提示字符串，请操作人员输入自变量 x 的值。第二行为输
入语句，调用 scanf()函数，接受键盘上输入的数并存入变量 x 中。第三行是调用 sin()函数并把函数
值送到变量 s 中。第四行是用 printf()函数输出变量 s 的值，即 x 的正弦值。此时程序结束。

1.1.2　输入/输出函数

在前面例子中用到了输入和输出函数 scanf()和 printf()，在后面情境中要详细介绍。这里先简

单介绍一下它们的格式，以便下面使用。scanf()和 printf()这两个函数分别称为格式输入函数和格式输出函数，其意义是按指定的格式输入/输出值。因此，这两个函数在括号中的参数表都由以下两部分组成：

格式控制串,参数表

格式控制串是一个字符串，必须用双引号括起来，它表示输入/输出量的数据类型。各种类型的格式表示法可参阅后面情境。在 printf()函数中，还可以在格式控制串内写入非格式控制字符，这时在显示屏幕上将原文输入。参数表中给出了输入或输出的变量。当有多个变量时，用逗号间隔。例如：

```
printf("sine of %lf is %lf\n",x,s);
```

其中，%lf 为格式字符，表示按双精度浮点数处理。它在格式串中两次现，对应了 x 和 s 两个变量。其余字符为非格式字符，则原样输出在屏幕上。

1.1.3　C 语言的结构特点

C 语言的结构特点如下：

（1）一个 C 语言源程序可以由一个或多个源文件组成。

（2）每个源文件可由一个或多个函数组成。

（3）一个源程序不论由多少个文件组成，都有一个且只能有一个 main()函数，即主函数。

（4）源程序中可以有预处理命令（include 命令仅为其中的一种），预处理命令通常应放在源文件或源程序的最前面。

（5）每一个说明、每一个语句都必须以分号结尾。但预处理命令、函数头和花括号"}"之后不能加分号。

（6）标识符、关键字之间必须至少加一个空格以示间隔。若已有明显的间隔符，也可不再加空格来间隔。

1.2　简单的 C 语言程序

下面通过介绍几个简单的 C 语言程序，然后从中分析 C 语言程序的特点。

1.2.1　C 语言程序的执行过程

首先看一个例子：

【例 1.2】输入两个学生成绩，输出最高分。

```
int max(int a,int b);              /*函数说明*/
main()                             /*主函数*/
{
  int x,y,z;                       /*变量说明*/
  printf("input two numbers:\n");
  scanf("%d%d",&x,&y);             /*输入 x,y 值*/
  z=max(x,y);                      /*调用 max()函数*/
  printf("较高的分数是=%d",z);      /*输出*/
}
int max(int a,int b)               /*定义 max()函数*/
{
  if(a>b)
```

```
      return a;
   else
      return b;                          /*把结果返回主调函数*/
}
```

该程序实现的主要功能是：输入两位同学的考试分数，输出其中分数较高的那位同学的分数。我们做出以下分析：

上面例中程序的功能是由用户输入两个整数，程序执行后输出其中较大的数。本程序由两个函数组成，主函数和 max()函数。函数之间是并列关系，可从主函数中调用其他函数。max()函数的功能是比较两个数，然后把较大的数返回给主函数。max()函数是一个用户自定义函数。因此，在主函数中要给出说明（程序第一行）。可见，在程序的说明部分中，不仅可以有变量说明，还可以有函数说明。在程序的每行后用/*和*/括起来的内容为注释部分，程序不执行注释部分。

上例中程序的执行过程是：首先在屏幕上显示提示，请用户输入两个数，用户输入并回车后由 scanf()函数接收这两个数送入变量 x，y 中，然后调用 max()函数，并把 x，y 的值传送给 max()函数的参数 a，b。在 max()函数中比较 a，b 的大小，把较大的数返回给主函数的变量 z，最后在屏幕上输出 z 的值。

1.2.2　C 语言的版本及运行环境

目前最流行的 C 语言有以下几种：

- Microsoft C，或称 MS C。
- Borland Turbo C，或称 Turbo C。
- Win-TC。

这些 C 语言版本不仅实现了 ANSI C 标准，而且在此基础上各自作了一些扩充，使之更加方便、完美。本书中所使用的 C 语言运行工具为 Win-TC。

Win-TC 的运行界面如图 1-1 所示。

图 1-1　Win-TC 运行界面

当一个程序编写完毕以后，应该执行的步骤是"编译连接"，在这个步骤中，程序会自行编译，如果程序无误，弹出如图 1-2 所示的对话框。

如果程序有错误，则会弹出编译失败对话框，并在"输出"栏中提示错误信息，如图 1-3 所示。

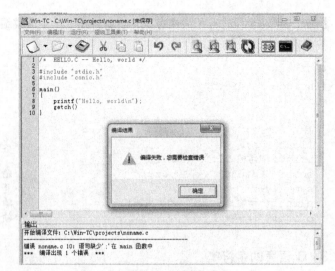

图 1-2　编译成功对话框　　　　　　　　　　　　图 1-3　编译失败

编译连接成功后，下一步执行"编译连接并运行"命令，便可以观察到程序的运行结果，如图 1-4 所示。

图 1-4　运行结果

注意：如果编译成功但看不到运行结果，该问题一般出现在 Windows 2000 和 Windows XP 环境中使用 Win-TC 时。这是 Windows 2000 和 Windows XP 命令行方式的特点，由于在 Windows 2000 和 Windows XP 环境中命令行方式默认为程序执行结束关闭窗口，若程序没有任何暂停代码提示，那么在刚执行完程序，窗口就关闭了。解决办法是在主函数结束时加一个 getch() 函数来暂停一下程序。

例如，程序原来是：

```
main()
{
  printf("This is a TurboC.");
}
```

则需要改成：

```
main()
{
  printf("This is a TurboC.");
  getch();    /*使用键盘功能函数暂停一下，用于观察屏幕结果*/
}
```

这样就可以看到输出结果了，输出后按任意键关闭。

【例 1.3】一个班进行了一次考试，现要将几个学生的成绩输入计算机，并计算他们的总分，然后按要求输出。

程序如下：

```
#include "stdio.h"
main()
{
  int x,y,z;
  float sum;                               /*定义实型变量 sum*/
  printf("请输入三个学生的成绩");
  scanf("%d%d%d",&x,&y,&z);                /*输入三个学生的成绩*/
  sum=x+y+z;                               /*将 x+y+z 的值赋给 sum*/
  printf("请输出三个学生的总成绩");          /*输出提示*/
  printf("sum=%.2f\n",sum);                /*输出变量 sum 的值*/
}
```

1.2.3　C 语言的字符集

字符是组成语言最基本的元素。C 语言字符集由字母、数字、空格、标点和特殊字符组成。在字符常量、字符串常量和注释中还可以使用汉字或其他可表示的图形符号。

（1）字母：小写字母 a~z 共 26 个，大写字母 A~Z 共 26 个。

（2）数字：0~9 共 10 个。

（3）空白符：空格符、制表符、换行符等统称为空白符。空白符只在字符常量和字符串常量中起作用。在其他地方出现时，只起间隔作用，编译程序会将它们忽略。因此，在程序中使用空白符与否，对程序的编译不产生影响，但在程序中适当的地方使用空白符将增加程序的清晰性和可读性。

（4）标点和特殊字符，如、（顿号）、！、@等。

1.2.4　C 语言词汇

在 C 语言中使用的词汇分为六类：标识符、关键字、运算符、分隔符、常量、注释符等。

1. 标识符

在程序中使用的变量名、函数名、标号等统称为标识符。除库函数的函数名由系统定义外，其余都由用户自定义。C 语言规定，标识符只能是字母（A~Z，a~z）、数字（0~9）、下画线组成的字符串，并且其第一个字符必须是字母或下画线。

以下标识符是合法的：

a　　x　　3x　　BOOK_1　　sum5

以下标识符是非法的：

3s　　　　以数字开头

s*T　　　 出现非法字符*

–3x　　　 以减号开头

bowy–1　　出现非法字符–（减号）

在使用标识符时还必须注意以下几点：

（1）标准 C 不限制标识符的长度，但它受各种版本的 C 语言编译系统限制，同时也受到具体机器的限制。例如，在某版本 C 中规定标识符前 8 位有效，当两个标识符前 8 位相同时，则被认为是同一个标识符。

（2）在标识符中，大小写是有区别的。例如 BOOK 和 book 是两个不同的标识符。

（3）标识符虽然可由程序员随意定义，但标识符是用于标识某个量的符号。因此，命名应尽量有相应的意义，以便阅读理解，做到"顾名思义"。

2．关键字

关键字是由 C 语言规定的具有特定意义的字符串，通常也称为保留字。用户定义的标识符不应与关键字相同。C 语言的关键字分为以下几类：

（1）类型说明符：用于定义、说明变量、函数或其他数据结构的类型。如前面例题中用到的 int，double 等。

（2）语句定义符：用于表示一个语句的功能。如例 1.2 中用到的 if...else 就是条件语句的语句定义符。

（3）预处理命令字：用于表示一个预处理命令。如前面各例中用到的 include。

3．运算符

C 语言中含有相当丰富的运算符。运算符与变量、函数一起组成表达式，表示各种运算功能。运算符由一个或多个字符组成。

4．分隔符

C 语言中采用的分隔符有逗号和空格两种。逗号主要用在类型说明和函数参数表中，分隔各个变量。空格多用于语句中各单词之间，作为间隔符。关键字、标识符之间必须要有一个以上的空格符作为间隔，否则将会出现语法错误，例如把 int a;写成 inta;，C 编译器会把 inta 当成一个标识符处理，其结果必然出错。

5．常量

C 语言中使用的常量可分为数字常量、字符常量、字符串常量、符号常量、转义字符等多种。在情境二中将专门给予介绍。

6．注释符

C 语言的注释符是以"/*"开头并以"*/"结尾的串。在"/*"和"*/"之间的内容即为注释。程序编译时，不对注释作任何处理。注释可出现在程序中的任何位置。注释用来向用户提示或解释程序的意义。在调试程序中对暂不使用的语句也可用注释符括起来，使翻译跳过不作处理，待调试结束后再去掉注释符。

案例分析与实现

1．案例分析

本案例的两个程序主要涉及 C 语言的程序结构、语法结构等问题。程序 2 中还涉及 C 语言的一种选择结构。

通过这两个程序，要掌握的知识点如下：

（1）C 语言程序的基本结构和书写特点。

（2）输入/输出函数。

（3）C 语言的结构特点。

2．案例实现过程

程序 1：输出"你好，同学"。

```
main()
{
  printf("你好，同学\n");
  getch();
}
```

程序 2：从键盘输入一个班级的学生人数 x，然后判断并输出这个班的学生人数是否高于 30 人。

```
main()
{
  int x;
  printf("input number:\n");
  scanf("%d",&x);
  if(x>30)
      printf("这个班的学生人数高于30人");
  else
    printf("这个班的学生人数不高于30人");
    getch();
}
```

3．案例执行结果

两个程序的运行结果如图 1-5 和图 1-6 所示。

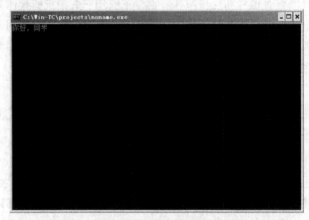

图 1-5　程序 1 运行结果

图 1-6　程序 2 运行结果

情境小结

本情境所介绍的主要内容是 C 语言的基本知识和简单的 C 语言程序结构。虽然本情境的内容在初学者看起来比较烦杂，学起来也许比较枯燥，但本情境的内容是学好 C 语言的基础，是每个 C 语言程序员必须熟练掌握的。现在总结一下本情境中要掌握和理解的内容：

（1）C 语言程序的基本结构和书写特点。

（2）输入/输出函数。

（3）C 语言的结构特点。

（4）C 语言程序的执行过程。

（5）C 语言的版本及运行环境。

（6）C 语言的字符集。

（7）C 语言词汇。

习　题

1. 编写程序：输出"你好，C 语言"。

2. 编写程序：输入两个数，输出这两个数的乘积。

3. 编写程序：输入两个数，比较并输出其中较小的那个数。

情境二 ▏ 数据类型、运算符和表达式

在情境一中，我们已经看到程序中使用的各种变量都应预先加以说明，即先说明，后使用。对变量的说明可以包括三个方面：变量的数据类型、变量的存储类型和变量的作用。

在本情境，我们只介绍数据类型说明。其他说明在以后各情境中陆续介绍。所谓数据类型是按被说明量的性质，表示形式，占据存储空间的多少，构造特点来划分的。在 C 语言中，数据类型可分为：基本数据类型、构造数据类型、指针类型、空类型四大类。

学习目标

- 了解 C 语言的基本数据类型。
- 掌握各种数据之间的转换。
- 掌握算数运算符、关系运算符、逻辑运算符、赋值运算符和逗号运算符及其构成的表达式。

 案例描述

编写两个程序，分别实现以下功能：

程序 1：整型变量的定义与使用。

程序 2：实型数据的舍入误差。

2.1 常量与变量

对于基本数据类型量，按其取值是否可改变又分为常量和变量两种。在程序执行过程中，其值不发生改变的量称为常量，其值可变的量称为变量。它们可与数据类型结合起来分类。例如，可分为整型常量、整型变量、浮点常量、浮点变量、字符常量、字符变量、枚举常量、枚举变量。在程序中，常量是可以不经说明而直接引用的，而变量则必须先定义后使用。

整型量包括整型常量、整型变量。

2.1.1 常量

在程序执行过程中，其值不发生改变的量称为常量。

直接常量（字面常量）有以下几个：

整型常量：12、0、–3；

实型常量：4.6、–1.23；

字符常量：'a'、'b'。

标识符：用来标识变量名、符号常量名、函数名、数组名、类型名、文件名的有效字符序列。

符号常量：用标示符代表一个常量。在 C 语言中，可以用一个标识符来表示一个常量，称之为符号常量。

符号常量在使用之前必须先定义，其一般形式为：

`#define 标识符 常量`

其中，#define 也是一条预处理命令（预处理命令都以"#"开头），称为宏定义命令（在后面预处理程序中将进一步介绍），其功能是把该标识符定义为其后的常量值。一经定义，以后在程序中所有出现该标识符的地方均代之以该常量值。

习惯上符号常量的标识符用大写字母，变量标识符用小写字母，以示区别。

【例 2.1】符号常量的使用。

```
#define PRICE 30
main()
{
  int num,total;
  num=10;
  total=num* PRICE;
  printf("total=%d",total);
}
```

用标识符代表一个常量，称为符号常量。

符号常量与变量不同，它的值在其作用域内不能改变，也不能再被赋值。

使用符号常量的好处是：含义清楚、能做到"一改全改"。

2.1.2　简单宏定义

1. 简单宏定义的格式如下：

`#define<标识符><字符串>`

其中，define 是关键字，它表示该命令为宏定义，<标识符>是宏名，它的写法同标识符。<字符串>用来表示<标识符>所代表的字符串。

简单宏定义是定义一个标识符（宏名）来代表一个字符串。

前面讲过的符号常量就是用这种简单宏定义来实现的。例如：

`#define PI 3.14159265`

这是一条宏定义的命令，它的作用是用指定的标识符 PI 来代替字符串 3.14159265 在程序中出现的是 PI，在编译前预处理时，将所有的 PI 都用 3.14159265 来代替，即使用宏名来代替指定的字符串。这一过程又称为"宏替换"或称为"宏展开"。

【例 2.2】给出半径求圆的面积。

执行该程序，出现如下信息：

```
#define PI 3.14159265
main()
{
  float r, s,
  printf("Input radius:")
  scanf(""%f',&r);
```

```
    A=PI*r*r
    printf("a=%.4f\n",a);
}
```

执行该程序，出现如下信息：

Input radius:5

输出结果：

s=78. 5398

说明：该例中，开始定义了符号常量 PI，它是用宏定义来实现的。程序中出现的 PI，在编译前预处理时将用 3.14159265 来替换。

2．使用简单宏定义时的注意事项

注意事项如下：

（1）宏定义中的<标识符>（即宏名）一般习惯用大写字母，以便与变量名区别。这样在 C 语言程序的各表达式语句中，凡是大写字母的标识符（指全部大写字母）一般是符号常量。但是，宏定义中的宏名也可以用小写字母。

（2）宏定义是预处理功能中的一种命令，它不是语句。因此，行末不需要加分号。如果加了分号，则该分号将作为所定义的字符串的一部分，即按字符串的一部分来处理。

（3）宏替换是一种简单的代替，替换时不作语法检查。如果所定义的字符串中有错，例如，将数字误写为字母。预处理照样代换，并不报错，而在编译中进行语法检查时才报错。因此，要记住宏替换操作只是简单的代换，用宏定义时的字符串来替换其宏名。

（4）宏定义中宏名的作用域为定义该命令的文件中，并从定义时起，到终止宏定义命令（#undef<标识符>）为止，如果没有终止宏定义命令，则到该文件结束为止。通常放在文件开头，表示在此文件内有效。

2.1.3　变量

其值可以改变的量称为变量。一个变量应该有一个名字，在内存中占据一定的存储单元。变量定义必须放在变量使用之前，一般放在函数体的开头部分。要区分变量名和变量值是两个不同的概念，见图 2-1。

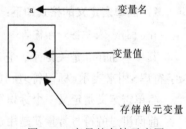

图 2-1　变量的存储示意图

2.2　C 语言的数据类型

我们先看两个例子，了解一下各类数据类型的定义及赋值。

【例 2.3】 求圆面积。

```
main()
{
    float PI=3.14159;
    int s,r=5;
    s=r*r*PI;
    printf("s=%d\n",s);
}
```

本例程序中，PI 为实型；s，r 为整型。在执行 s=r*r*PI 语句时，r 和 PI 都转换成 double 型计算，结果也为 double 型。但由于 s 为整型，故赋值结果仍为整型，舍去了小数部分。

【例 2.4】数的类型转换。

```
main()
{
    float f=5.75;
    printf("(int)f=%d,f=%f\n",(int)f,f);
}
```

本例表明，f 虽强制转为 int 型，但只在运算中起作用，是临时的，而 f 本身的类型并不改变。因此，(int)f 的值为 5（删去了小数）而 f 的值仍为 5.75。

在前面情境中，我们已经看到程序中使用的各种变量都应预先加以说明，即先说明，后使用。对变量的说明可以包括三个方面：数据类型、存储类型、作用域。

在本情境中，我们只介绍数据类型说明。所谓数据类型是按被说明量的性质，表示形式，占据存储空间的多少，构造特点来划分的。在 C 语言中，数据类型可分为：基本数据类型、构造数据类型、指针类型、空类型四大类。

1. 基本数据类型

基本数据类型最主要的特点是，其值不可以再分解为其他类型。也就是说，基本数据类型是自我说明的。

2. 构造数据类型

构造数据类型是根据已定义的一个或多个数据类型用构造的方法来定义的。也就是说，一个构造类型的值可以分解成若干个"成员"或"元素"。每个"成员"都是一个基本数据类型或又是一个构造类型。在 C 语言中，构造类型有数组类型、结构类型、联合类型三种。

3. 指针类型

指针是一种特殊的，同时又是具有重要作用的数据类型。其值用来表示某个量在内存储器中的地址。虽然指针变量的取值类似于整型量，但这是两个类型完全不同的量，因此不能混为一谈。

4. 空类型

在调用函数值时，通常应向调用者返回一个函数值。这个返回的函数值是具有一定的数据类型的，应在函数定义及函数说明中给以说明，例如在例题中给出的 max() 函数定义中，函数头为 int max(int a,int b);，其中 int 类型说明符即表示该函数的返回值为整型量。又如在例题中，使用了库函数 sin()，由于系统规定其函数返回值为双精度浮点型，因此在赋值语句 s=sin(x); 中，s 也必须是双精度浮点型，以便与 sin() 函数的返回值一致。所以在说明部分，把 s 说明为双精度浮点型。但是，也有一类函数，调用后并不需要向调用者返回函数值，这种函数可以定义为"空类型"。其类型说明符为 void。在情境七函数中还要详细介绍。在本章中，我们先介绍基本数据类型中的整型、浮点型和字符型。其余类型在以后各情境中陆续介绍。表 2-1 基本数据类型的分类及特点。

表 2-1　基本数据类型的分类及特点

数　据　类　型	类型说明符	字　　节	数　值　范　围
字符型	Char	1	C 字符集
基本整型	Int	2	−32768～32767
短整型	short int	2	−32768～32767
长整型	long int	4	−214783648～214783647
无符号型	Unsigned	2	0～65535
无符号长整型	unsigned long	4	0～4294967295
单精度实型	Float	4	3/4E−38～3/4E+38
双精度实型	Double	8	1/7E−308～1/7E+308

2.3　常用运算符与表达式

C 语言中运算符和表达式数量之多，在高级语言中是少见的。丰富的运算符和表达式使 C 语言功能十分完善。这也是 C 语言的主要特点之一。

C 语言的运算符不仅具有不同的优先级，而且还有一个特点，就是它的结合性。在表达式中，各运算量参与运算的先后顺序不仅要遵守运算符优先级别的规定，还要受运算符结合性的制约，以便确定是自左向右进行运算还是自右向左进行运算。这种结合性是其他高级语言的运算符所没有的，因此也增加了 C 语言的复杂性。

2.3.1　C 语言的运算符分类

C 语言的运算符分类如下：

（1）算术运算符：用于各类数值运算，包括加（+）、减（−）、乘（*）、除（/）、求余（或称模运算，%）、自增（++）、自减（−−）共七种。

（2）关系运算符：用于比较运算，包括大于（>）、小于（<）、等于（==）、大于等于（>=）、小于等于（<=）和不等于（!=）六种。

（3）逻辑运算符：用于逻辑运算，包括与（&&）、或（||）、非（!）三种。

（4）位操作运算符：参与运算的量，按二进制位进行运算。包括位与（&）、位或（|）、位非（~）、位异或（^）、左移（<<）、右移（>>）六种。

（5）赋值运算符：用于赋值运算，分为简单赋值（=）、复合算术赋值（+=，=，*=，/=，%=）和复合位运算赋值（&=，|=，^=，>>=，<<=）三类共十一种。

（6）条件运算符：这是一个三目运算符，用于条件求值（?:）。

（7）逗号运算符：用于把若干表达式组合成一个表达式（,）。

（8）指针运算符：用于取内容（*）和取地址（&）两种运算。

（9）求字节数运算符：用于计算数据类型所占的字节数（sizeof）。

（10）特殊运算符：有括号()，下标[]，成员（→，.）等几种。

2.3.2　算术运算符和算术表达式

基本的算术运算符包括以下几种：

（1）加法运算符"+"：加法运算符为双目运算符，即应有两个量参与加法运算。如 a+b，4+8 等，具有右结合性。

（2）减法运算符"–"：减法运算符为双目运算符。但"–"也可作负值运算符，此时为单目运算，如–x，–5 等具有左结合性。

（3）乘法运算符"*"：双目运算，具有左结合性。

（4）除法运算符"/"：双目运算具有左结合性。参与运算量均为整型时，结果也为整型，舍去小数。如果运算量中有一个是实型，则结果为双精度实型。

【例 2.5】除法运算符应用。

```
main()
{
  printf("\n\n%d,%d\n",20/7,-20/7);
  printf("%f,%f\n",20.0/7,-20.0/7);
}
```

本例中，20/7，–20/7 的结果均为整型，小数全部舍去。而 20.0/7 和–20.0/7 由于有实数参与运算，因此结果也为实型。

求余运算符（模运算符）"%"：双目运算，具有左结合性。要求参与运算的量均为整型。求余运算的结果等于两数相除后的余数。

【例 2.6】模运算符的运用。

```
main()
{
  printf("%d\n",100%3);
}
```

本例输出 100 除以 3 所得的余数 1。

2.3.3　算术表达式与运算符的优先级和结合性

表达式是由常量、变量、函数和运算符组合起来的式子。一个表达式有一个值及其类型，它们等于计算表达式所得结果的值和类型。表达式求值按运算符的优先级和结合性规定的顺序进行。单个的常量、变量、函数可以看作是表达式的特例。

算术表达式是由算术运算符和括号连接起来的式子。

算术表达式：用算术运算符和括号将运算对象（也称操作数）连接起来的、符合 C 语法规则的式子。

以下是算术表达式的例子：

```
a+b
(a*2)／c
(x+r)*8-(a+b)／7
++I
sin(x)+sin(y)
(++i)-(j++)+(k--)
```

运算符的优先级：C 语言中，运算符的运算优先级共分为 15 级。1 级最高，15 级最低。在表达式中，优先级较高的先于优先级较低的进行运算。而在一个运算量两侧的运算符优先级相同时，则按运算符的结合性所规定的结合方向处理。

运算符的结合性：C语言中各运算符的结合性分为两种，即左结合性（自左至右）和右结合性（自右至左）。例如，算术运算符的结合性是自左至右，即先左后右。如有表达式 x-y+z 则 y 应先与"-"号结合，执行 x-y 运算，然后再执行+z 的运算。这种自左至右的结合方向就称为"左结合性"。而自右至左的结合方向称为"右结合性"。 最典型的右结合性运算符是赋值运算符。如 x=y=z，由于"="的右结合性，应先执行 y=z 再执行 x=(y=z)运算。C语言运算符中有不少为右结合性，应注意区别，以避免理解错误。

2.3.4 强制类型转换运算符

在表达式中也可以利用"强制类型转换"运算符将数据转换成所需的类型。

其一般形式为：

（类型说明符） （表达式）

其功能是把表达式的运算结果强制转换成类型说明符所表示的类型。

例如：

```
(float) a        把 a 转换为实型
(int)(x+y)       把 x+y 的结果转换为整型
```

需要说明的是，在强制类型转换时，得到一个所需类型的中间变量，原来变量的类型未发生变化。

强制类型转换的优先级别为第 2 级，属单目运算，与正、负号运算和自增、自减运算等同级，结合方向为自右向左。

【例 2.7】强制类型转换。

```
#include<stido.h>
main()
{
    float   f=5.6;
    int i;
    i=(int)f;
    printf("f=%f,i=%d\n",f,i);
    getch();
}
```

运行结果如下：

```
f=5.600000,i=5
```

x 类型仍为 float 型，值仍等于 5.6。

从上可知，类型转换有两种方式，一种是在运算时不必用户指定，系统自动进行的类型转换，如 4＋5.6。第二种是强制类型转换，当自动类型转换不能实现目的时，可以用强制类型转换。如"%"运算符要求其两侧均为整型量，若 x 为 float 型，则"x%3"不合法，必须用"（int）x%4"。此外，在函数调用时，有时为了使实参与形参类型一致，可以用强制类型转换运算符得到一个所需类型的参数。

2.3.5 自增、自减运算符

自增 1、自减 1 运算符：自增 1 运算符记为"++"，其功能是使变量的值自增 1。

自减 1 运算符记为 "－－"，其功能是使变量值自减 1。

自增 1、自减 1 运算符均为单目运算，都具有右结合性。可有以下几种形式：

++i：i 自增 1 后再参与其他运算。

－－i：i 自减 1 后再参与其他运算。

i++：i 参与运算后，i 的值再自增 1。

i－－：i 参与运算后，i 的值再自减 1。

在理解和使用上容易出错的是 i++ 和 i－－。 特别是当它们出在较复杂的表达式或语句中时，常常难于弄清，因此应仔细分析。

【例 2.8】自增、自减运算举例。

```
main()
{
  int i=8;
  printf("%d\n",++i);
  printf("%d\n",--i);
  printf("%d\n",i++);
  printf("%d\n",i--);
  printf("%d\n",-i++);
  printf("%d\n",-i--);
}
```

i 的初值为 8，第 2 行 i 加 1 后输出为 9；第 3 行减 1 后输出为 8；第 4 行输出 i 为 8 之后再加 1（为 9）；第 5 行输出 i 为 9 之后再减 1（为 8）；第 6 行输出 -8 之后再加 1（为 9），第 7 行输出 -9 之后再减 1（为 8）。

【例 2.9】自增运算举例。

```
main()
{
  int i=5,j=5,p,q;
  p=(i++)+(i++)+(i++);
  q=(++j)+(++j)+(++j);
  printf("%d,%d,%d,%d",p,q,i,j);
}
```

这个程序中，对 P=(i++)+(i++)+(i++) 应理解为三个 i 相加，故 P 值为 15。然后 i 再自增 1 三次相当于加 3，故 i 的最后值为 8。而对于 q 的值则不然，q=(++j)+(++j)+(++j) 应理解为 q 先自增 1，再参与运算，由于 q 自增 1 三次后值为 8，三个 8 相加的和为 24，j 的最后值仍为 8。

2.3.6　赋值运算符和赋值表达式

简单赋值运算符和表达式：简单赋值运算符记为 "="。由 "=" 连接的式子称为赋值表达式。其一般形式为：

变量=表达式

例如：

```
x=a+b
w=sin(a)+sin(b)
y=i+++--j
```

赋值表达式的功能是计算表达式的值再赋予左边的变量。赋值运算符具有右结合性。因此

a=b=c=5

可理解为

a=(b=(c=5))

在其他高级语言中，赋值构成了一个语句，称为赋值语句。而在 C 中，把"="定义为运算符，从而组成赋值表达式。 凡是表达式可以出现的地方均可出现赋值表达式。

例如，式子：

x=(a=5)+(b=8)

是合法的。它的意义是把 5 赋予 a，8 赋予 b，再把 a，b 相加，和赋予 x，故 x 应等于 13。

在 C 语言中也可以组成赋值语句，按照 C 语言规定，任何表达式在其末尾加上分号就构成为语句。因此

x=8;a=b=c=5;

都是赋值语句，在前面各例中已大量使用过了。

如果赋值运算符两边的数据类型不相同，系统将自动进行类型转换，即把赋值号右边的类型换成左边的类型。具体规定如下：

① 实型赋予整型，舍去小数部分。前面的例 2.5 已经说明了这种情况。

② 整型赋予实型，数值不变，但将以浮点形式存放，即增加小数部分（小数部分的值为 0）。

③ 字符型赋予整型，由于字符型为一个字节，而整型为二个字节，故将字符的 ASCII 码值放到整型量的低八位中，高八位为 0。整型赋予字符型，只把低八位赋予字符量。

【例 2.10】 类型转换规则。

```
main()
{
  int a,b=322;
  float x,y=8.88;
  char c1='k',c2;
  a=y;
  x=b;
  a=c1;
  c2=b;
  printf("%d,%f,%d,%c",a,x,a,c2);
}
```

本例表明了上述赋值运算中类型转换的规则。a 为整型，赋予实型量 y 值 8.88 后只取整数 8。x 为实型，赋予整型量 b 值 322 后增加了小数部分。字符型量 c1 赋予 a 变为整型，整型量 b 赋予 c2 后取其低八位成为字符型（b 的低八位为 01000010，即十进制 66，按 ASCII 码对应于字符 B）。

在赋值符"="之前加上其他二目运算符可构成复合赋值符。如+=，-=，*=，／=，%=，<<=，>>=，&=，^=，|=。

构成复合赋值表达式的一般形式为：

变量　双目运算符=表达式

它等效于

变量=变量 运算符 表达式

例如：

a+=5　　　　　等价于 a=a+5
x*=y+7　　　　等价于 x=x*(y+7)
r%=p　　　　　等价于 r=r%p

复合赋值符这种写法，对初学者可能不习惯，但十分有利于编译处理，能提高编译效率并产生质量较高的目标代码。

2.3.7　逗号运算符和逗号表达式

在 C 语言中逗号 "," 也是一种运算符，称为逗号运算符。其功能是把两个表达式连接起来组成一个表达式，称为逗号表达式。

其一般形式为：

表达式 1,表达式 2

其求值过程是分别求两个表达式的值，并以表达式 2 的值作为整个逗号表达式的值。

【例 2.11】逗号运算符的使用。

```
main()
{
  int a=2,b=4,c=6,x,y;
  y=(x=a+b),(b+c);
  printf("y=%d,x=%d",y,x);
}
```

本例中，y 等于整个逗号表达式的值，也就是表达式 2 的值，x 是第一个表达式的值。对于逗号表达式还要说明两点：

（1）逗号表达式一般形式中的表达式 1 和表达式 2 也可以又是逗号表达式。

例如：

表达式 1,(表达式 2,表达式 3)

形成了嵌套情形。因此可以把逗号表达式扩展为以下形式：

表达式 1,表达式 2,…,表达式 n

整个逗号表达式的值等于表达式 n 的值。

（2）程序中使用逗号表达式，通常是要分别求逗号表达式内各表达式的值，并不一定要求整个逗号表达式的值。并不是在所有出现逗号的地方都组成逗号表达式，如在变量说明中，函数参数表中逗号只是用作各变量之间的间隔符。

【例 2.12】输入一个学生的成绩，若是合法成绩，则输出相应的等级，否则输出不合法的提示信息。

```
#include "stdio.h"
main()
{
```

```
float x; char y;
printf("请输入 1-100 内的一个成绩");
scanf("%f",&x);
if(x>=0 && x<=100)
{
   if(x>=90 && x<=100) y='A';
   if(x>=80 && x<90)  y='B';
   if(x>=70 && x<80)  y='C';
   if(x>=60 && x<70)  y='D';
   if(x>=0 && x<60)   y='E';
   printf("该学生的等级为%c\n",y);
}
else
   printf("输入的学生成绩不合法\n");
}
```

案例分析与实现

1．案例分析

通过该案例的程序设计，实现：

（1）对整型变量的定义与使用实现对变量的相关概念的理解与掌握。

（2）了解实型数据的在 C 语言程序中的舍入误差。

2．案例实现过程

程序 1：整型变量的定义与使用。

```
main()
{
   int a,b,c,d;
   unsigned u;
   a=12;b=-24;u=10;
   c=a+u;d=b+u;
   printf("a+u=%d,b+u=%d\n",c,d);
}
```

程序 2：实型数据的舍入误差。

```
main()
{
   float a,b;
   a=123456.789e5;
   b=a+20;
   printf("%f\n",a);
   printf("%f\n",b);
}
```

3．案例执行结果

程序运行结果如图 2-2 和图 2-3 所示。

图 2-2　程序 1 运行结果

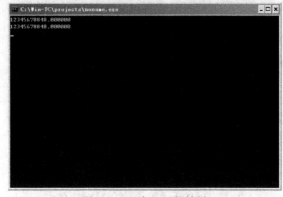

图 2-3　程序 2 运行结果

情境小结

本情境所介绍的主要内容是整型数据、实型数据和字符型数据的常量表示法和变量定义格式，以及可以作用于这些数据类型的运算符。虽然本情境的内容比较烦杂，学起来也许比较枯燥，但本情境的内容是学好 C 语言的基础，是每个 C 语言程序员必须熟练掌握的。现在总结一下本情境中需要掌握和理解的内容：

（1）变量的含义。

（2）数据在内存中的表示形式。

（3）不同类型的数据在内存中的表示范围。

（4）转义字符。

（5）有符号数与无符号数的区别。

（6）数据类型的自动转换与强制类型转换。

（7）各种运算符、运算符的优先级和结合性。

习　　题

1. 编写程序：定义各种数据类型的变量并正确赋值。

2. 编写程序：输入两个数，比较这两个数的大小。

3. 编写程序：输入一个百分制学生的成绩，判断该学生是否及格。

情境三 | 顺 序 结 构

在 C 语言程序设计中，主要涉及三种基本的设计结构，即顺序结构、选择结构、循环结构。本情境将重点介绍 C 语言最基本的结构——顺序结构。

学习目标

- 掌握 C 语言的基本输入/输出操作。
- 掌握顺序结构编程方法。

 案例描述

编写两个程序，分别实现以下功能：

1. 输入/输出学生性别，男性用"m"表示，女性用"f"表示。
2. 输入/输出学生的成绩。

3.1 基本输入/输出操作

所谓输入/输出是以计算机为主体而言的。

在 C 语言中，所有的数据输入/输出都是由库函数完成的。因此都是函数语句。

在使用 C 语言库函数时，要用预编译命令

```
#include
```

将有关"头文件"包括到源文件中。

使用标准输入/输出库函数时要用到 stdio.h 文件，因此源文件开头应有以下预编译命令：

```
#include< stdio.h >
```

或

```
#include "stdio.h"
```

stdio 是 standard input &output 的意思。

考虑到 printf()和 scanf()函数使用频繁，系统允许在使用这两个函数时可不加

```
#include<stdio.h>
```

或

```
#include "stdio.h"
```

3.1.1 字符数据的输入/输出

1. putchar()函数（字符输出函数）

putchar ()函数是字符输出函数，其功能是在显示器上输出单个字符。

其一般形式为：

putchar(字符变量)

例如：

```
putchar('A');          （输出大写字母A）
putchar(x);            （输出字符变量x的值）
putchar('\101');       （也是输出字符A）
putchar('\n');         （换行）
```

对于控制字符则执行控制功能，不在屏幕上显示。

使用本函数前必须要用文件包含命令：

```
#include<stdio.h>
```

或

```
#include "stdio.h"
```

【例 3.1】输出单个字符。

```
#include<stdio.h>
main()
{
  char a='B',b='o',c='k';
  putchar(a);putchar(b);putchar(b);putchar(c);putchar('\t');
  putchar(a);putchar(b);
  putchar('\n');
  putchar(b);putchar(c);
}
```

2. getchar()函数（键盘输入函数）

getchar()函数的功能是从键盘上输入一个字符。

其一般形式为：

```
getchar();
```

通常把输入的字符赋予一个字符变量，构成赋值语句，如：

```
char c;
c=getchar();
```

【例 3.2】输入单个字符。

```
#include<stdio.h>
void main()
{
  char c;
  printf("input a character\n");
  c=getchar();
  putchar(c);
}
```

使用 getchar()函数还应注意几个问题：

getchar()函数只能接受单个字符，输入数字也按字符处理。输入多于一个字符时，只接收第一个字符。

使用本函数前必须包含文件 stdio.h。

在 Win–TC 屏幕下运行含本函数的程序时，将退出 Win–TC 屏幕进入用户屏幕等待用户输入。输入完毕再返回 Win–TC 屏幕。

3.1.2　格式输入与输出

1．printf()函数（格式输出函数）

printf()函数称为格式输出函数，其关键字末尾的字母 f 即为"格式"（format）之意。其功能是按用户指定的格式，把指定的数据显示到显示器屏幕上。在前面的例题中已多次使用过这个函数。

printf()函数是一个标准库函数，它的函数原型在头文件 stdio.h 中。但作为一个特例，不要求在使用 printf()函数之前必须包含 stdio.h 文件。

printf()函数调用的一般形式为：

```
printf("格式控制字符串",输出表列);
```

其中，格式控制字符串用于指定输出格式。格式控制串可由格式字符串和非格式字符串组成。格式字符串是以%开头的字符串，%后面跟有各种格式字符，以说明输出数据的类型、形式、长度、小数位数等。例如：

"%d"表示按十进制整型输出。

"%ld"表示按十进制长整型输出。

"%c"表示按字符型输出等。

非格式字符串在输出时原样照印，在显示中起提示作用。

输出表列中给出了各个输出项，要求格式字符串和各输出项在数量和类型上一一对应。

【例 3.3】printf()输出函数用法 1。

```
main()
{
  int a=88,b=89;
  printf("%d %d\n",a,b);
  printf("%d,%d\n",a,b);
  printf("%c,%c\n",a,b);
  printf("a=%d,b=%d",a,b);
}
```

本例中 4 次输出了 a，b 的值，但由于格式控制串不同，输出的结果也不相同。第 4 行的输出语句格式控制串中，两个格式串%d 之间加了一个空格（非格式字符），所以输出的 a，b 值之间有一个空格。第 5 行的 printf 语句格式控制串中加入的是非格式字符逗号，因此输出的 a，b 值之间加了一个逗号。第 6 行的格式串要求按字符型输出 a，b 值。第 7 行中为了提示输出结果又增加了非格式字符串。

2．格式字符串

在 Win–TC 中格式字符串的一般形式为：

```
[标志][输出最小宽度][.精度][长度]类型
```

其中方括号[]中的项为可选项。

各项的意义介绍如下：

（1）类型：类型字符用以表示输出数据的类型，其格式字符和意义如表 3-1 所示。

表 3-1 格式字符及其意义

格式字符	意　　　义
d	以十进制形式输出带符号整数（正数不输出符号）
o	以八进制形式输出无符号整数（不输出前缀 0）
x,X	以十六进制形式输出无符号整数（不输出前缀 0x）
u	以十进制形式输出无符号整数
f	以小数形式输出单、双精度实数
e,E	以指数形式输出单、双精度实数
g,G	以%f 或%e 中较短的输出宽度输出单、双精度实数
c	输出单个字符
s	输出字符串

（2）标志：标志字符分为−、+、#、空格 4 种，其意义如表 3-2 所示。

表 3-2 标志及其意义

标　　志	意　　　义
−	结果左对齐，右边填空格
+	输出符号（正号或负号）
空格	输出值为正时冠以空格，为负时冠以负号
#	对 c,s,d,u 类无影响；对 o 类，在输出时加前缀 o；对 x 类，在输出时加前缀 0x；对 e, g, f 类，当结果有小数时才给出小数点

（3）输出最小宽度：用十进制整数来表示输出的最少位数。若实际位数多于定义的宽度，则按实际位数输出，若实际位数少于定义的宽度则补以空格或 0。

精度：精度格式符以"."开头，后跟十进制整数。如果输出数字，则表示小数的位数；如果输出的是字符，则表示输出字符的个数；若实际位数大于所定义的精度数，则截去超过的部分。

（4）长度：长度格式符为 h，l 两种，h 表示按短整型量输出，l 表示按长整型量输出。

【例 3.4】printf()输出函数用法 2。

```
main()
{
    int a=15;
    float b=123.1234567;
    double c=12345678.1234567;
    char d='p';
    printf("a=%d,%5d,%o,%x\n",a,a,a,a);
    printf("b=%f,%lf,%5.4lf,%e\n",b,b,b,b);
    printf("c=%lf,%f,%8.4lf\n",c,c,c);
    printf("d=%c,%8c\n",d,d);
}
```

本例第 7 行中以 4 种格式输出整型变量 a 的值，其中"%5d"要求输出宽度为 5，而 a 值为 15，只有两位，故补 3 个空格。第 8 行中以 4 种格式输出实型量 b 的值。其中"%f"和"%lf"格式的输出相同，说明"l"符对"f"类型无影响。"%5.4lf"指定输出宽度为 5，精度为 4，由于实际长度超过 5，故应该按实际位数输出，小数位数超过 4 位部分被截去。第 9 行输出双精度实数，"%8.4lf"由于指定精度为 4 位，故截去了超过 4 位的部分。第 10 行输出字符量 d，其中"%8c"指定输出宽度为 8 故在输出字符 p 之前补加 7 个空格。

使用 printf()函数时还要注意一个问题，那就是输出表列中的求值顺序。不同的编译系统不一定相同，可以从左到右，也可从右到左。Turbo C 是按从右到左进行的。请看下面两个例子：

【例 3.5】printf()输出函数的用法 3。

```
main()
{
    int i=8;
    printf("%d\n%d\n%d\n%d\n%d\n%d\n",++i,--i,i++,i--,-i++,-i--);
}
```

【例 3.6】printf()输出函数的用法 4。

```
main()
{
    int i=8;
    printf("%d\n",++i);
    printf("%d\n",--i);
    printf("%d\n",i++);
    printf("%d\n",i--);
    printf("%d\n",-i++);
    printf("%d\n",-i--);
}
```

这两个程序的区别是用一个 printf 语句和多个 printf 语句输出。但从结果可以看出是不同的。为什么结果会不同呢？就是因为 printf()函数对输出表中各量求值的顺序是自右至左进行的。在例 3.5 中，先对最后一项"-i--"求值，结果为-8，然后 i 自减 1 后为 7。再对"-i++"项求值得-7，然后 i 自增 1 后为 8。再对"i--"项求值得 8，然后 i 再自减 1 后为 7。再求"i++"项得 7，然后 i 再自增 1 后为 8。再求"--i"项，i 先自减 1 后输出，输出值为 7。最后才求输出表列中的第一项"++i"，此时 i 自增 1 后输出 8。

但是必须注意，求值顺序虽是自右至左，但是输出顺序还是从左至右，因此得到的结果是上述输出结果。

3. scanf()函数（格式输入函数）

scanf()函数称为格式输入函数，即按用户指定的格式从键盘上把数据输入到指定的变量之中。scanf()函数是一个标准库函数，它的函数原型在头文件"stdio.h"中，与 printf()函数相同，C 语言也允许在使用 scanf()函数之前不必包含 stdio.h 文件。

scanf()函数的一般形式为：

```
scanf("格式控制字符串",地址表列);
```

其中，格式控制字符串的作用与 printf()函数相同，但不能显示非格式字符串，也就是不能显示提示字符串。地址表列中给出各变量的地址。地址是由地址运算符"&"后跟变量名组成的。

例如：

&a, &b

分别表示变量 a 和变量 b 的地址。

这个地址就是编译系统在内存中给 a，b 变量分配的地址。在 C 语言中，使用了地址这个概念，这是与其他语言不同的。应该把变量的值和变量的地址这两个不同的概念区别开来。变量的地址是 C 编译系统分配的，用户不必关心具体的地址是多少。

变量的地址和变量值的关系如下：在赋值表达式中给变量赋值。

例如：

a=567

则，a 为变量名，567 是变量的值，&a 是变量 a 的地址。

但在赋值号左边是变量名，不能写地址，而 scanf()函数在本质上也是给变量赋值，但要求写变量的地址，如&a。 这两者在形式上是不同的。&是一个取地址运算符，&a 是一个表达式，其功能是求变量的地址。

【例 3.7】scanf()输入函数的用法 1。

```
main()
{
    int a,b,c;
    printf("input a,b,c\n");
    scanf("%d%d%d",&a,&b,&c);
    printf("a=%d,b=%d,c=%d",a,b,c);
}
```

在本例中，由于 scanf()函数本身不能显示提示串，故先用 printf 语句在屏幕上输出提示，请用户输入 a、b、c 的值。执行 scanf 语句，则退出 TC 屏幕进入用户屏幕等待用户输入。用户输入 7　8　9 后按【Enter】键，此时，系统又将返回 TC 屏幕。在 scanf 语句的格式串中由于没有非格式字符在"%d%d%d"之间作输入时的间隔，因此在输入时要用一个以上的空格或回车键作为每两个输入数之间的间隔。如：

7 8 9

或

7

8

9

4．格式字符串

格式字符串的一般形式为：

%[*][输入数据宽度][长度]类型

其中，有方括号[]的项为任选项。各项的意义如下：

类型：表示输入数据的类型，其格式符和意义如表 3-3 所示。

表 3-3　输入数据类型的格式及其意义

格　式	字　符　意　义	格　式	字　符　意　义
d	输入十进制整数	f或e	输入实型数(用小数形式或指数形式)
o	输入八进制整数	c	输入单个字符
x	输入十六进制整数	s	输入字符串
u	输入无符号十进制整数		

"*"符：用以表示该输入项，读入后不赋予相应的变量，即跳过该输入值。如：

scanf("%d %*d %d",&a,&b);

当输入为：1　2　3时，把 1 赋予 a，2 被跳过，3 赋予 b。

宽度：用十进制整数指定输入的宽度（即字符数）。

例如：

scanf("%5d",&a);

输入：12345678，只把 12345 赋予变量 a，其余部分被截去。

又如：

scanf("%4d%4d",&a,&b);

输入：12345678，将把 1234 赋予 a，而把 5678 赋予 b。

长度：长度格式符为 l 和 h，l 表示输入长整型数据(如%ld) 和双精度浮点数(如%lf)。h 表示输入短整型数据。

使用 scanf()函数还必须注意以下几点：

（1）scanf()函数中没有精度控制，如：scanf("%5.2f",&a);是非法的。不能企图用此语句输入小数为 2 位的实数。

（2）scanf()函数中要求给出变量地址，如给出变量名则会出错。如 scanf("%d",a);是非法的，应改为 scanf("%d",&a);才是合法的。

（3）在输入多个数值数据时，若格式控制串中没有非格式字符作输入数据之间的间隔则可用空格，TAB 或回车作间隔。C 编译在碰到空格、TAB、回车或非法数据（如对 "%d" 输入 "12A"时，A 即为非法数据）时即认为该数据结束。

在输入字符数据时，若格式控制串中无非格式字符，则认为所有输入的字符均为有效字符。

例如：

scanf("%c%c%c",&a,&b,&c);

输入为 d　e　f

则把'd'赋予 a，' '赋予 b，'e'赋予 c。

只有当输入为 def 时，才能把'd'赋予 a，'e'赋予 b，'f'赋予 c。

如果在格式控制中加入空格作为间隔，如：

scanf ("%c %c %c",&a,&b,&c);

则输入时各数据之间可加空格。

【例 3.8】scanf()输入函数的用法 2。

```
main()
```

```
{
    char a,b;
    printf("input character a,b\n");
    scanf("%c%c",&a,&b);
    printf("%c%c\n",a,b);
}
```

由于 scanf()函数%c%c 中没有空格，输入 M　N，结果输出只有 M。而输入改为 MN 时，则可输出 MN 两字符。

【例 3.9】scanf()输入函数的用法 3。

```
main()
{
    char a,b;
    printf("input character a,b\n");
    scanf("%c %c",&a,&b);
    printf("\n%c%c\n",a,b);
}
```

以上两例说明 scanf()函数格式控制串%c %c 之间有空格时，输入的数据之间可以由空格间隔。

如果格式控制串中有非格式字符则输入时也要输入该非格式字符。

例如：

```
scanf("%d,%d,%d",&a,&b,&c);
```

其中，用非格式符"，"作间隔符，故输入时应为：

```
5,6,7
```

又如：

```
scanf("a=%d,b=%d,c=%d",&a,&b,&c);
```

则输入应为：

```
a=5,b=6,c=7
```

如果输入的数据与输出的类型不一致时，虽然编译能够通过，但结果将不正确。

【例 3.10】scanf()输入函数的用法 4。

```
main()
{
    int a;
    printf("input a number\n");
    scanf("%d",&a);
    printf("%ld",a);
}
```

由于输入数据类型为整型，而输出语句的格式串中说明为长整型，因此输出结果和输入数据不符。

【例 3.11】scanf()输入函数的用法 5。

```
main()
{
```

```
    long a;
    printf("input a long integer\n");
    scanf("%ld",&a);
    printf("%ld",a);
}
```

运行结果为：

```
input a long integer
1234567890
1234567890
```

当输入数据改为长整型后，输入输出数据相等。

【例 3.12】scanf()输入函数的用法 6。

```
main()
{
    char a,b,c;
    printf("input character a,b,c\n");
    scanf("%c %c %c",&a,&b,&c);
    printf("%d,%d,%d\n%c,%c,%c\n",a,b,c,a-32,b-32,c-32);
}
```

输入三个小写字母，输出其 ASCII 码和对应的大写字母。

【例 3.13】scanf()输入函数的用法 7。

```
main()
{
    int a;
    long b;
    float f;
    double d;
    char c;
    printf("\nint:%d\nlong:%d\nfloat:%d\ndouble:%d\nchar:%d\n",sizeof(a),
        sizeof(b),sizeof(f),sizeof(d),sizeof(c));
}
```

输出各种数据类型的字节长度。

3.2 顺序结构程序设计举例

我们先看一个例子：一个班进行了一次考试，现要将几个学生的成绩输入计算机，并按要求输出。该任务主要使用了顺序结构程序设计，重点在于掌握输入、输出函数的使用。

【例 3.14】输入 5 个学生的成绩，再将 5 个学生成绩在屏幕上输出。

```
#include "stdio.h"                          /*文件预处理*/
main()                                      /*函数名*/
{                                           /*函数体开始*/
    int x,y,z,m,n;                          /*定义五个变量x,y,z,m,n*/
    printf("请输入五个学生的成绩");
```

```
    scanf("%d%d%d%d%d ",&x,&y,&z,&m,&n);          /*输入五个学生的成绩*/
    printf("输出五个学生的成绩");
    printf("x=%d,y=%d,z=%d,m=%d,n=%d \n",x,y,z,m,n);/*输出五个变量x,y,z,m,n的值*/
}                                                 /*函数体结束*/
```

从程序流程的角度来看，程序可以分为三种基本结构，即顺序结构、分支结构、循环结构。这三种基本结构可以组成所有的各种复杂程序。C语言提供了多种语句来实现这些程序结构。本章介绍这些基本语句及其在顺序结构中的应用，使读者对C程序有一个初步的认识，为后面各章的学习打下基础。

3.2.1　C程序的结构

C程序的程序结构如图3-1所示。

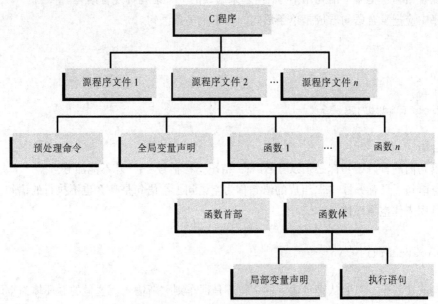

图3-1　C程序结构树形图

C程序的执行部分是由语句组成的。程序的功能也是由执行语句实现的。

C语句可分为表达式语句、函数调用语句、控制语句、复合语句、空语句等五类。

（1）表达式语句：表达式语句由表达式加上分号";"组成。

其一般形式为：

表达式；

执行表达式语句就是计算表达式的值。

例如：

x=y+z;　赋值语句

y+z;　　加法运算语句，但计算结果不能保留，无实际意义

i++;　　自增1语句，i值增1

（2）函数调用语句：由函数名、实际参数加上分号";"组成。

其一般形式为：

函数名(实际参数表)；

执行函数语句就是调用函数体并把实际参数赋予函数定义中的形式参数，然后执行被调函数体中的语句，求取函数值 (在后面函数中再详细介绍) 。

例如：

```
printf("C Program");        调用库函数，输出字符串
```

（3）控制语句：控制语句用于控制程序的流程，以实现程序的各种结构方式。它们由特定的语句定义符组成。C 语言有九种控制语句。可分成以下三类：

- 条件判断语句：if 语句、switch 语句。
- 循环执行语句：do...while 语句、while 语句、for 语句。
- 转向语句：break 语句、goto 语句、continue 语句、return 语句。

（4）复合语句：把多个语句用括号{}括起来组成的一个语句称复合语句。

在程序中应把复合语句看成是单条语句，而不是多条语句。

例如：

```
{
    x=y+z;
    a=b+c;
    printf("%d%d",x,a);
}
```

是一条复合语句。

复合语句内的各条语句都必须以分号";"结尾，在括号"}"外不能加分号。

（5）空语句：只有分号";"组成的语句称为空语句。空语句是什么也不执行的语句。在程序中空语句可用来作空循环体。

例如：

```
while(getchar()!='\n')
    ;
```

本语句的功能是，只要从键盘输入的字符不是回车则重新输入。这里的循环体为空语句。

3.2.2　赋值语句

赋值语句是由赋值表达式再加上分号构成的表达式语句。

其一般形式为：

变量=表达式；

赋值语句的功能和特点都与赋值表达式相同。 它是程序中使用最多的语句之一。

在赋值语句的使用中需要注意以下几点：

（1）由于在赋值符"="右边的表达式也可以又是一个赋值表达式。因此，下述形式

变量=(变量=表达式)；

是成立的，从而形成嵌套的情形。其展开之后的一般形式为：

变量=变量=…=表达式；

例如：

a=b=c=d=e=5;

按照赋值运算符的右接合性，因此实际上等效于：

```
e=5;
d=e;
c=d;
b=c;
a=b;
```

注意，在变量说明中给变量赋初值和赋值语句的区别。

（2）给变量赋初值是变量说明的一部分，赋初值后的变量与其后的其他同类变量之间仍必须用逗号间隔，而赋值语句则必须用分号结尾。

例如：

```
int a=5,b,c;
```

在变量说明中，不允许连续给多个变量赋初值。如下述说明是错误的：

```
int a=b=c=5
```

必须写为

```
int a=5,b=5,c=5;
```

而赋值语句允许连续赋值。

（3）注意赋值表达式和赋值语句的区别：赋值表达式是一种表达式，它可以出现在任何允许表达式出现的地方，而赋值语句则不能。

下述语句是合法的：

```
if((x=y+5)>0) z=x;
```

语句的功能：若表达式 x=y+5 大于 0 则 z=x。

下述语句是非法的：

```
if((x=y+5;)>0) z=x;
```

因为 x=y+5;是语句，不能出现在表达式中。

【例 3.15】输入三个学生的成绩，求他们的平均分。

```
#include "stdio.h"
main()
{
    int x,y,z;
    float sum,avg;                    /*定义两个实型变量 sum,avg*/
    printf("请输入三个学生的成绩");
    scanf("%d%d%d",&x,&y,&z);         /*输入三个学生的成绩*/
    sum=x+y+z;                        /*将 x+y+z 的值赋给 sum*/
    avg=sum/3;                        /*将 sum/3 的值赋给 avg*/
    printf("请输出三个学生的平均分为");    /*输出提示*/
    printf("avg=%.2f\n",avg);         /*输出两个变量 sum 及 avg 的值*/
}
```

案例分析与实现

1．案例分析

通过设计两个程序，实现学生成绩的输入与输出，掌握 putchar( )、getchar( )、printf( )和 scanf( )。

2．案例实现过程

程序 1：输入/输出学生性别，男性用"m"表示，女性用"f"表示。

```
#include<stdio.h>
main()
{
  char s;
  printf("请输入性别: \n");
  s=getchar();
  putchar(s);
}
```

程序 2：输入/输出学生的成绩。

```
#include<stdio.h>
main()
{
  int s;
  printf("请输入学生成绩: \n");
  scanf("%d ",&s);
  printf("该学生的成绩为: %d 分\n",s);
}
```

3. 案例执行结果

程序运行结果如图 3-2 和如图 3-3 所示。

图 3-2　程序 1 运行结果

图 3-3　程序 2 运行结果

情境小结

从程序执行的流程来看，程序可分为三种最基本的结构：顺序结构、分支结构以及循环结构。

程序中执行部分最基本的单位是语句。C 语言的语句可分为五类：

（1）表达式语句：任何表达式末尾加上分号即可构成表达式语句，常用的表达式语句为赋值语句。

（2）函数调用语句：由函数调用加上分号即组成函数调用语句。

（3）控制语句：用于控制程序流程，由专门的语句定义符及所需的表达式组成。主要有条件判断执行语句，循环执行语句，转向语句等。

（4）复合语句：由{}把多个语句括起来组成一个语句。复合语句被认为是单条语句，它可出现在所有允许出现语句的地方，如循环体等。

（5）空语句：仅由分号组成，无实际功能。

C 语言中没有提供专门的输入输出语句，所有的输入/输出都是由调用标准库函数中的输入/输出函数来实现的。

scanf()和 getchar()函数是输入函数，接收来自键盘的输入数据。

scanf()是格式输入函数，可按指定的格式输入任意类型数据。

getchar()函数是字符输入函数，只能接收单个字符。

printf()和 putchar()函数是输出函数，向显示器屏幕输出数据。

printf()是格式输出函数，可按指定的格式显示任意类型的数据。

putchar()是字符显示函数，只能显示单个字符。

利用本情境所介绍的语句和输入输出函数可以进行顺序结构程序设计，顺序结构程序的特点是程序中的语句按其先后顺序执行。

习　　题

1. 编写程序：输入长方形的长和宽，求长方形的周长。

2. 编写程序：输入三角形的三边长，求三角形面积。

3. 编写程序：求 $ax^2+bx+c=0$ 方程的根，a，b，c 由键盘输入，设 $b^2-4ac>0$。

情境四 选择结构

在编制程序时，有时并不能保证程序一定执行某些指令，而是要根据一定的外部条件来判断哪些指令要执行。如菜谱中要加工西红柿，可能有这样的步骤：如果是用鲜西红柿，则去皮、切碎，开始放入，如果是用西红柿酱，就在最后放入。这里，我们并不知道具体操作时执行哪段指令，但菜谱给出了不同条件下的处理方式，计算机程序也是如此，可以根据不同的条件执行不同的代码，这就是选择结构。程序总是为解决某个实际问题而设计的，而问题往往包含多个方面，不同的情况需要有不同的处理，所以选择结构在我们的实际应用程序中可以说是无处不在，离开了选择结构，很多情况将无法处理。因此，正确掌握选择结构程序设计方法对于我们编写实际应用程序尤为重要。

学习目标

- 掌握 if 语句进行选择结构程序设计。
- 掌握嵌套 if 语句的应用。
- 掌握 switch 语句的用法。

案例描述

已知某公司员工的保底薪水为 500，某月所接工程的利润 profit（整数）与利润提成的关系如表 4-1 所示（计量单位：元）。编写程序，计算员工的当月薪水。

表 4-1 工程利润与提成比率

工程利润 profit	提成比率	工程利润 profit	提成比率
profit ≤ 1000	没有提成	5000 < profit ≤ 10000	提成 20%
1000 < profit ≤ 2000	提成 10%	10000 < profit	提成 25%
2000 < profit ≤ 5000	提成 15%		

4.1 if 语 句

选择结构是三种基本结构之一，在大多数程序中都会包含选择结构。在 C 语言中选择结构是用 if 语句实现的。

4.1.1 C 语言中语句的分类

C 语言程序的执行部分是由语句组成的。程序的功能也是由执行语句实现的。C 语言中的语句可以分为以下五类：

1. 表达式语句

由表达式加上分号";"组成。

其一般形式为：表达式；

2. 函数调用语句

由函数名、实际参数加上分号";"组成。其一般形式为：

函数名(实际参数表)；

3. 空语句

只有分号";"组成的语句称为空语句。空语句是什么也不执行的语句。在程序中空语句可用来作空循环体。

4. 复合语句

用{…}括起来的一组语句。

一般形式为：

```
{   [数据说明部分； ]
       执行语句部分；
}
```

例如：

```
#include <stdio.h>
void main()
{
  int x=10,y=20,z;
  z=x+y;
  {
    int z;
    z=x*y;
    printf("z=%d\n",z);           /*输出复合语句中 z 的值*/
  }
  printf ("z=%d\n",z);            /*输出复合语句外 z 的值*/
}
```

5. 控制语句

用来实现一定的控制功能的语句称为控制语句。C 语言用控制语句来实现选择结构和循环结构。C 语言有九种控制语句。可分成以下三类：

分支 $\begin{cases} \text{if( )...else...} \\ \text{switch} \end{cases}$

循环 $\begin{cases} \text{for( )...} \\ \text{while( )...} \\ \text{do...while( )} \end{cases}$

辅助控制 $\begin{cases} \text{continue} \\ \text{break} \\ \text{goto} \\ \text{return} \end{cases}$

其中，本情境重点讨论分支和辅助控制语句。

4.1.2　关系运算符、逻辑运算符

1．关系运算符和关系表达式

（1）关系运算符如表 4-2 所示。

表 4-2　关系运算符

关系运算符	含　义	优　先　级	结　合　性
>	大于	这些关系运算符等优先级，但比下面的优先级高	左结合性
>=（>和=之间没有空格）	大于或等于		
<（<和=之间没有空格）	小于		
<=（<和=之间没有空格）	小于或等于		
==（两个=之间没有空格）	等于	这些关系运算符等优先级，但比上面的优先级低	
!=（!和=之间没有空格）	不等于		

（2）关系表达式：用关系运算符连接起来的式子称为关系表达式。

关系表达式的一般形式为：

表达式 关系运算符 表达式

例如：a+b>c-d　　x>3/2　　'a'+1<c　　-i-5*j==k+1

注意： C 语言用 0 表示假，非 0 表示真，一个关系表达式的值不是 0 就是 1，0 表示假，1 表示真。

（3）关系运算符的优先级如下：

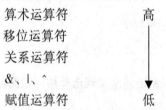

算术运算符　　　　　高

移位运算符

关系运算符

&、|、^

赋值运算符　　　　　低

2．逻辑运算符和逻辑表达式

（1）逻辑运算符如表 4-3 所示。

表 4-3　逻辑运算符

逻辑运算符	含　义	结　合　性	优先级关系
!	单目运算符，逻辑非，表示相反	右结合性	高
&&（两个&之间没有空格）	双目运算符，逻辑与，表示并且	左结合性	低
||（两个|之间没有空格）	双目运算符，逻辑或，表示或者		

逻辑真值表如表 4-4 所示。

表 4-4　逻辑真值表

A	B	!A	!B	A && B	A ‖ B
0	0	1	1	0	0
0	1	1	0	0	0
1	0	0	1	0	1
1	1	0	0	1	1

（2）逻辑表达式：用逻辑运算符连接起来的式子称为逻辑表达式。

逻辑表达式的一般形式为：

表达式　逻辑运算符　表达式

例：a<b&&b<c、x>10||x<-10、!x&&!y

（3）逻辑运算符的优先级如下：

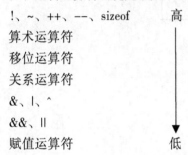

!、~、++、--、sizeof　　　　高

算术运算符

移位运算符

关系运算符

&、|、^

&&、‖

赋值运算符　　　　　　　　低

注意：逻辑表达式求解时，并非所有的逻辑运算符都被执行，只是在必须执行下一个逻辑运算符才能求出表达式的解时，才执行该运算符。

到现在为止，我们已经学习了 30 多个运算符。掌握它们的优先级关系特别重要。优先级的记忆规则如下：

① 总体上讲，单目运算符都是同等优先级的，具有右结合性，并且优先级比双目运算符和三目运算符都高。

② 三目运算符的优先级比双目运算符要低，但高于赋值运算符和逗号运算符。

③ 逗号运算符的优先级最低，其次是赋值运算符。

④ 只有单目运算符、赋值运算符和条件运算符具有右结合性，其他运算符都是左结合性。

⑤ 双目运算符中，算术运算符的优先级最高，逻辑运算符的优先级最低。

4.1.3　简单 if 语句形式

格式：if　(表达式)

　　　语句;

执行流程如图 4-1 所示。

【例 4.1】下面的程序段是输入两个整数，输出其中的大数。

```
main()
{
    int a,b,max;
```

```
printf("input two numbers: ");
scanf("%d%d",&a,&b);
max=a;
if(max<b)
    max=b;
printf("max=%d",max);
getch();
}
```

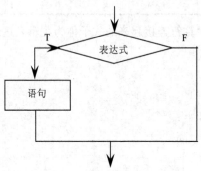

图 4-1   简单 if 语句流程图

4.1.4   if...else 形式

格式：if(表达式)
        语句 1；
    else
        语句 2；
执行流程图如图 4-2 所示。

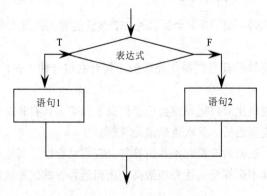

图 4-2   if...else 形式流程图

【例 4.2】下面的程序段同样是输出两个整数中的最大数。

```
main()
{
    int a,b;
    printf("input two numbers: ");
    scanf("%d%d",&a,&b);
    if(a>b)
```

```
  printf("max=%d\n",a);
  else
    printf("max=%d\n",b);
  getch();
}
```

4.1.5　if...else...if 形式

格式：if(表达式 1)　　　语句 1；
　　　else if (表达式 2)　语句 2；
　　　else if (表达式 3)　语句 3；
　　　　…
　　　[else　　　　　　语句 n;]

【例 4.3】下面的程序段是判断输入字符的种类。

```
#include <stdio.h>
main()
{
  char c;
  printf ("Enter a character: ");
  c=getchar();
  if(c<0x20)
    printf("The character is a control character\n");
  else if(c>='0'&&c<='9')
    printf("The character is a digit\n");
  else if(c>='A'&&c<='Z')
    printf("The character is a capital letter\n");
  else if(c>='a'&&c<='z')
    printf("The character is a lower letter\n");
  else
    printf("The character is other character\n");
  getch();
}
```

使用 if 语句注意事项如下：

（1）if 语句后面的表达式必须用括号括起来。

（2）表达式通常是逻辑表达式或关系表达式，但也可以是其他任何表达式，如赋值表达式等，甚至也可以是一个变量。只要表达式非零时，表达式的值就为真，否则就是假。

（3）在 if 语句的三种形式中，所有的语句应为单个语句，如果要想在满足条件时执行一组（多个）语句，则必须把这一组语句用{ }括起来组成一个复合语句。但要注意的是在}之后不能再加分号。

（4）在 if 语句中，如果表达式是一个判断两个数是否相等的关系表达式，要当心不要将==写成了赋值运算符=。

【例 4.4】编写程序，要求输入一个学生的考试成绩，输出其分数和对应的等级。

程序分析：

学生成绩共分为 5 个等级：小于 60 分的为 "E"；60～70 分的为 "D"；70～80 分的为 "C"；80～90 分的为 "B"；90 分以上为 "A"。

程序代码如下：

```c
#include <stdio.h>
main()
{
  int score;
  printf("please input a student's score:");
  scanf("%d",&score);
  if(score<60)
    printf("%d----------E\n",score);
  else if(score<70)
    printf("%d----------D\n",score);
  else if(score<80)
    printf("%d----------C\n",score);
  else if(score<90)
    printf("%d----------B\n",score);
  else
    printf("%d----------A\n",score);
  getch();
}
```

4.2 if 语句的嵌套

一个 if 语句又包含一个或多个 if 语句（或者说是 if 语句中的执行语句本身又是 if 结构语句的情况）称为 if 语句的嵌套。当流程进入某个选择分之后又引出新的选择时，就要用嵌套的 if 语句。

嵌套 if 语句的语法格式为：

```c
if(表达式 1)
    if(表达式 2)
        语句 1;
    else 语句 2;
else
        if(表达式 3)
            语句 3;
        else 语句 4;
```

【例 4.5】比较两个数的大小关系。

```c
void main()
{
  int a,b;
  printf("please input A,B: ");
  scanf("%d%d",&a,&b);
  if(a!=b)
    if(a>b) printf("A>B\n");
```

```
     else printf("A<B\n");
   else printf("A=B\n");
   getch();
}
```

本例中用了 if 语句的嵌套结构。采用嵌套结构实质上是为了进行多分支选择，例 4.5 实际上有三种选择即 A>B、A<B 或 A=B。这种问题用 if...else...if 语句也可以完成，而且程序更加清晰。因此，在一般情况下较少使用 if 语句的嵌套结构，以使程序更便于阅读理解。

【例 4.6】输入两个学生成绩，判断其大小关系。

分析：本任务可以采用多种不同的 if 结构来解决，在此我们选择用嵌套的 if 语句来解决。

程序代码如下：

```c
#include <stdio.h>
void main()
{
   int x,y;
   printf("Enter integer x,y: ");
   scanf("%d,%d",&x,&y);
   if(x!=y)
     if(x>y)  printf("X>Y\n");
     else       printf("X<Y\n");
   else
     printf("X==Y\n");
   getch();
}
```

4.3　条件运算符与条件表达式

条件运算符是 C 语言中唯一的一个三目运算符，它的一般形式为：

表达式 1? 表达式 2: 表达式 3

其求值规则为：先判断表达式 1，如果表达式 1 为真，则整个条件表达式取表达式 2 的值，否则取表达式 3 的值。

条件运算符的优先级：条件运算符的运算优先级低于关系运算符和算术运算符，但高于赋值运算符。条件运算符的结合性是自右向左。

【例 4.7】编写小写字母转盘。

分析：输入一个小写字母，分别输出该字母的前驱字母和后继字母。

程序代码如下：

```c
#include <stdio.h>
#include <conio.h>
void main()
{
   char ch,ch1,ch2;
   ch=getche();
```

```
    putchar('\n');
    ch1=ch=='a' ? 'z':ch-1;                    /*求前驱字符*/
    ch2=ch=='z' ? 'a':ch+1;                    /*求后继字符*/
    printf("ch1=%c,ch2=%c\n",ch1,ch2);
    getch();
}
```

4.4 switch 语 句

在 C 语言中，可直接用 switch 语句来实现多种情况的选择结构，其一般形式如下：

```
switch( 表达式)
{
    case      常量表达式1: 语句组 1; break;
    case      常量表达式2: 语句组 2; break;
    …
    case      常量表达式n: 语句组 n; break;
    default: 语句组n+1 ; break;
}
```

使用 switch 语句注意事项如下：

（1）switch 后面的"表达式"，可以是 int、char 和枚举型中的一种，但不可为浮点型。

（2）case 后面语句（组）可加{}也可以不加{}，但一般不加{}。

（3）每个 case 后面"常量表达式"的值，必须各不相同，否则会出现相互矛盾的现象。

（4）每个 case 后面必须是"常量表达式"，表达式中不能包含变量。

（5）case 后面的"常量表达式"仅起语句标号作用，并不进行条件判断。系统一旦找到入口标号，就从此标号开始执行，不再进行标号判断，所以必须加上 break 语句，以便结束 switch 语句。

（6）多个 case 子句，可共用同一语句（组）。

（7）case 子句和 default 子句如果都带有 break 子句，那么它们之间顺序的变化不会影响 switch 语句的功能。

（8）switch 语句可以嵌套。

【例 4.8】输入学生成绩，根据输入的成绩输出相应的等级，90 分以上输出"A"，80～90 分输出"B"，70～80 分输出"C"，60～70 分输出"D"，60 分以下输出"E"。

分析：

本任务中，首先从键盘上输入一个分数，然后通过 switch 语句进行判断，分数为 0～100 之间的任何数，我们要把这任何数变为若干个值。通过观察可以把 10 作为一个单元，这样就把所有分数变成了 11 种情况，分别是 0、1、2、…10。

程序代码如下：

```
main()
{
    int score, k;
```

```
scanf("%d",&score);
k=score/10;
switch(k)
{
    case 10:
    case 9:printf("A");break;
    case 8:printf("B");break;
    case 7:printf("C");break;
    case 6:printf("D");break;
    case 5:
    case 4:
    case 3:
    case 2:
    case 1:
    case 0:printf("F");break;
    default:printf("error!");
}
getch();
}
```

案例分析与实现

1. 案例分析

（1）定义一个变量用来存放员工所接工程的利润。

（2）提示用户输入员工所接工程的利润，并调用 scanf()函数接受用户输入员工所接工程的利润。

（3）根据上表的规则，计算该员工当月的提成比率。

（4）计算该员工当月的薪水（保底薪水+所接工程的利润*提成比率），并输出结果。

2. 案例实现过程

方法一：使用 if...else if 语句

```
#include <stdio.h>
void main ( )
{
    long    profit;               /*所接工程的利润*/
    float   ratio;                /*提成比率*/
    float   salary=500;           /*薪水，初始值为保底薪水 500*/
    printf("Input profit: ");     /*提示输入所接工程的利润*/
    scanf("%ld", &profit);        /*输入所接工程的利润*/
                                  /*计算提成比率*/
    if(profit<=1000)
        ratio=0;
    else if(profit<=2000)
        ratio=(float)0.10;
    else if(profit<=5000)
```

```
      ratio=(float)0.15;
    else if(profit<=10000)
      ratio=(float)0.20;
    else   ratio=(float)0.25;
    salary+=profit*ratio;                    /*计算当月薪水*/
    printf("salary=%.2f\n",salary);          /*输出结果*/
    getch();
}
```

方法二：使用 if 语句

```
void main()
{
    long   profit;                           /*所接工程的利润*/
    float   ratio;                           /*提成比率*/
    float   salary = 500;                    /*薪水，初始值为保底薪水 500*/
    printf("Input profit: ");                /*提示输入所接工程的利润*/
    scanf("%ld",&profit);                    /*输入所接工程的利润*/
                                             /*计算提成比率*/

    if(profit<=1000)
    ratio=0;
    if(1000<profit && profit<=2000)
      ratio=(float)0.10;
    if(2000<profit && profit<=5000)
      ratio=(float)0.15;
    if(5000<profit && profit<=10000)
      ratio=(float)0.20;
    if(10000<profit)
      ratio=(float)0.25;
    salary+=profit*ratio;                    /*计算当月薪水*/
    printf("salary=%.2f\n",salary);          /*输出结果*/
    getch();
}
```

方法三：使用 switch 语句

算法设计要点：

为使用 switch 语句，必须将利润 profit 与提成的关系转换成某些整数与提成的关系。分析本题可知，提成的变化点都是 1000 的整数倍（1000、2000、5000、……），如果将利润 profit 整除 1000，则当：

profit ≤ 1000	对应 0、1
1000 < profit ≤ 2000	对应 1、2
2000 < profit ≤ 5000	对应 2、3、4、5
5000 < profit ≤ 10000	对应 5、6、7、8、9、10
10000 < profit	对应 10、11、12、……

为解决相邻两个区间的重叠问题，最简单的方法就是：利润 profit 先减 1（最小增量），然后再整除 1000 即可：

profit ≤ 1000	对应 0
1000 < profit ≤ 2000	对应 1
2000 < profit ≤ 5000	对应 2、3、4
5000 < profit ≤ 10000	对应 5、6、7、8、9
10000 < profit	对应 10、11、12、……

程序如下：

```
void main()
{
  long    profit;                      /*所接工程的利润*/
  int     grade;
  float   ratio;                       /*提成比率*/
  float   salary=500;                  /*薪水，初始值为保底薪水500*/
  printf("Input profit: ");            /*提示输入所接工程的利润*/
  scanf("%ld",&profit);
  grade=(profit-1)/1000;
  switch(grade)                        /*计算提成比率*/
  {
    case  0:  ratio=0;  break;              /*profit≤1000*/
    case  1:  ratio=(float)0.10;  break;    /*1000<profit≤2000*/
    case  2:
    case  3:
    case  4:  ratio=(float)0.15;  break;    /*2000<profit≤5000*/
    case  5:
    case  6:
    case  7:
    case  8:
    case  9:  ratio=(float)0.20;  break;    /*5000<profit≤10000*/
    default:  ratio=(float)0.25;            /*10000<profit*/
  }
  salary+=profit*ratio;                /*计算当月薪水*/
  printf("salary=%.2f\n",salary);      /*输出结果*/
  getch();
}
```

3. 案例执行结果

程序运行结果如图 4-3 所示。

图 4-3 案例执行结果

情境小结

　　C语言程序的执行部分是由语句组成的。程序的功能也是由执行语句实现的。C语言中的语句可以分为表达式语句、函数调用语句、复合语句、空语句及控制语句五类。

　　关系表达式和逻辑表达式是两种重要的表达式，主要用于条件执行的判断和循环执行的判断。

　　C语言提供了多种形式的条件语句以构成选择结构。

　　if语句主要用于单向选择。

　　if...else语句主要用于双向选择。

　　if...else...if语句和switch语句用于多向选择。

　　任何一种选择结构都可以用if语句来实现，但并非所有的if语句都有等价的switch语句。switch语句只能用来实现以相等关系作为选择条件的选择结构。

习　题

一、填空题

1. 在C语言中，表示逻辑"真"值用_____。

2. 得到整型变量a的十位数字的表达式为_____。

3. 表达式：（6>5>4）+(float)(3/2)的值是_____。

4. 表达式：a=3,a-1 ∥ --a,2*a的值是_____。（a是整型变量）

5. 表达式：（a=2.5-2.0）+(int)2.0/3的值是_____。（a是整型变量）

6. C语言编译系统在给出逻辑运算结果时，以数值_____代表"真"，以_____代表"假"；但在判断一个量是否为"真"时，以_____代表"假"，以_____代表真。

7. 当m=2,n=1,a=1,b=2,c=3时，执行完 d=(m=a!=b)&&(n=b>c)后，n的值为_____，m的值为_____。

8. 若有int x,y,z;，且x=3，y=-4，z=5，则表达式：!(x>y)+(y!=z)‖(x+y)&&(y-z)的值为_____。

二、编程题

1. 输入三个整数x，y，z，请把这三个数由小到大输出。

2. 输入某年某月某日，判断这一天是这一年的第几天？

3. 本程序演示从键盘输入x的值，计算并打印下列分段函数的值。

$$y=\begin{cases} 0 & （x<60） \\ 1 & （60\leqslant x<70） \\ 2 & （70\leqslant x<80） \\ 3 & （80\leqslant x<90） \\ 4 & （x\geqslant 90） \end{cases}$$

4. 输入一个字符，请判断是字母、数字还是特殊字符？

情境五 | 循 环 结 构

在前面的情境中，我们学习了顺序结构和选择结构，而在编制程序解决一个较大问题的时候，往往会遇到这样的问题：多次反复执行同一段程序。例如，求 1～100 的累加和。根据已有的知识，可以用"1+2+3+……+100"直接赋值来求解，要把其中的每一项都写出来，显然太烦琐，效率低。若只写一组语句，命令它执行 100 次，这样既书写简单，又增加了程序的结构性，这时，就需要使用循环结构程序设计。本情境除了介绍 while、do...while 和 for 三种循环结构外，还将介绍 break 和 continue 语句以及循环嵌套语句。

学习目标

- 熟知三种循环结构的程序设计及其执行流程。
- 掌握循环嵌套的应用。
- 掌握 while 语句与 do...while 语句和 for 语句的异同。
- 熟悉穷举和迭代算法的应用。

案例描述

在语文课上，王老师说：中国有句俗语叫"三天打鱼两天晒网"。某人从 1990 年 1 月 1 日起开始"三天打鱼两天晒网"，问这个人在以后的某一天中是在"打鱼"，还是在"晒网"。利用 C 语言如何实现呢？

5.1 while 语 句

1. while 语句的形式

while 语句的格式为：

while（表达式）语句块；

其中，表达式是循环条件，语句块是循环体，while 语句常称为"当型"循环语句。

2. while 语句的执行过程

while 语句执行过程如下：

计算 while 后圆括号中的表达式的值或判断表达式是否成立。当值为非零或是为真时，执行一次循环体。执行完后再次判断表达式的值，当表达式的值为非零或是为真的时候，继续执行循环体；否则当值为零或是假的时候，退出循环，然后执行循环以外的语句。当一开始条件表达式就为零或是假时，循环根本就不执行。其流程图和 N-S 图如图 5-1 所示。

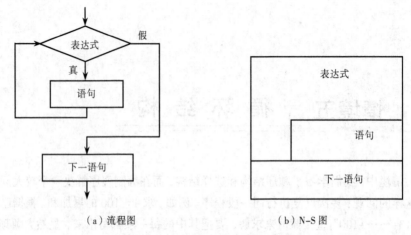

（a）流程图　　　　　　　　　　（b）N-S图

图 5-1　while 语句的流程图与 N-S 图

说明：

（1）while 语句先判断表达式，后执行语句。

（2）表达式同 if 语句后的表达式一样，可以是任何类型的表达式。

（3）while 循环结构常用于循环次数不固定，根据是否满足某个条件决定循环是否执行的情况。

（4）循环语句多于一句时，必须用一对花括号{ }括起来。

（5）在循环体中必须要有循环变量的更新操作，这样才有可能不满足循环条件而使循环终止，否则，循环条件一直非零或为真，循环永不停止，这就是死循环。

（6）循环次数的计算方法：int((终值−初值)/步长)+1。

【例 5.1】分析下列程序段的循环次数。

```c
#include <stdio.h>
main()
{
  int i=1;
  while(i<=10)
    printf("hello\n");
    i++;

  getch();
}
```

```c
#include <stdio.h>
main()
{
  int i=1;
  while(i<=10)
  {
    printf("hello\n");
    i++;
  }
  getch();
}
```

结果：左边的循环无数次（因为循环体里没有循环变量的变化语句），右边的循环是循环 10 次。

【例 5.2】某学期期末考试进行了四门课程的考试。成绩单下来后，6 个室友兄弟要一比高低，计算每个同学四门课程的总分和平均分。

分析：

（1）定义 6 个实型变量 x1、x2、x3、x4、sum 和 avg，依次存放每一位同学的四门课程成绩，课程总分以及平均分。

（2）每次取出一名学生的四门课程成绩，依次赋值给 x1、x2、x3、x4，然后再一起存放在 sum 中，得出总分。

（3）将总分除以 4 就得到平均分。

（4）以上步骤重复执行 6 次。

N–S 图如图 5–2 所示。

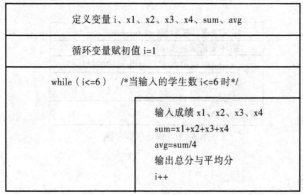

图 5–2　例 5.2 的 N–S 图

程序如下：

```c
#include <stdio.h>
main()
{
    int  i;
    float x1,x2,x3,x4,sum,avg;
    i=1;
    while(i<=6)
    {
        printf("请输入第%d个同学四门课的成绩",i);
        scanf("%f%f%f%f",&x1,&x2,&x3,&x4);
        sum=x1+x2+x3;
        avg=sum/4;
        printf("第%d个同学的总分为%.2f,平均分%.2f\n",i,sum,avg);
        i=i+1;
    }
    getch();
}
```

【例 5.3】用 while 语句求 1+2+3+…+100 的和。

分析：如图 5–3 所示，变量 sum 是用来存放累加值的，i 是准备加到 sum 的数值，让 i 从 1 变到 100，先后累加到 sum 中。具体步骤为：

（1）开始时使 sum 的值为 0，被加数 i 第一次取值为 1。开始进入循环结构。

（2）判断 i<=100 条件是否满足，由于 i 小于 100，因此 i<=100 的值为真，应当执行其下的操作。

（3）执行 sum=sum+i，此时 sum 的值变为 1，然后使 i 的值加 1，i 的值变为 2，这是为下一次加 2 作准备。

（4）再次检查 i<=100 条件是否满足，由于 i 的值为 2，小于 100，因此 i<=100 的值仍为真，应再执行循环体。

（5）执行 sum=sum+i，由于 sum 的值已变为 1，i 的值已变为 2，因此执行 sum=sum+i 后 sum 的值变为 3。再使 i 的值加 1，i 的值变为 3。重复步骤（4）（5）。

（6）直到循环到 i>100 时，终止循环，最后输出 sum。

N–S 图如图 5-3 所示。

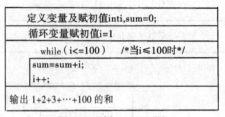

图 5–3　例 5.3N–S 图

程序如下：

```c
#include <stdio.h>
main()
{ int i,sum=0;
  i=1;
  while(i<=100)
  { sum=sum+i;
    i++;
  }
  printf("1+2+3+…+100 的和为%d\n",sum);
  getch();
}
```

程序的运行后的输出结果为：1+2+3+…+100 的和为 5050。

思考：如果运行 10！呢？与上题有什么雷同？有何不同？

【例 5.4】编写一个程序，输出 1～50 之间所有能被 3 整除的正整数。

分析：虽然不知道 1～50 之间能被 3 整除的正整数到底有多少个，但是可以从 1 到 50 一个一个去试，一直重复执行，这就是一个典型的示例。

为了得知某数是否能被 3 整除，可以通过条件：num%3==0 来判断，即：用 3 去除这个测试的数。如果余数为 0，就表明该数能被 3 除尽，是所求的数，应该把它打印出来。

程序中有两条语句是需要注意的。一是在进入 while 之前，变量 num 必须要有初值，否则无法去检测是否满足条件"num<=50"，这就是为循环控制条件赋初值的工作；二是在循环体中必须要对变量 num 进行修改，促使它逐渐向循环控制的结束条件"50"靠拢，以便最终结束循环。这将由语句"num++;"来实现。

程序如下：

```c
#include <stdio.h>
main()
{
  int num=1;              /*给循环控制变量赋初值*/
```

```
while(num<=50)
{
  if(num%3==0)                  /*判断 num 中的数能否被 3 除尽*/
  {
    printf("%3d",num);
  }
  num++;                        /*修改循环控制变量取值*/
}
getch();
}
```

3. while 语句的拓展实例

【例 5.5】猴子吃桃问题：猴子第一天摘下若干个桃子，当即吃了一半，还不过瘾，又多吃了一个，第二天早上又将剩下的桃子吃掉一半，又多吃了一个。以后每天早上都吃了前一天剩下的一半零一个。到第 10 天早上想再吃时，只剩下一个桃子了。求第一天共摘了多少个桃。

分析：本例采用逆向思维的方法，从后往前推断，则前一天的桃子数是（后一天桃子数+1）*2。用列举法可以找出规律。

程序如下：

```
#include <stdio.h>
main()
{
  int day=9,x1,x2;
  /*day 是实际吃桃子的天数，x1 是前一天的桃子数，x2 是后一天的桃子数*/
  clrscr();
  x2=1;                         /*最后一天的桃子是 1 个*/
  while(day>0)
  {
    x1=(x2+1)*2;                /*前一天的桃子数是（后一天桃子数+1）*2 */
    x2=x1;
    day--;
  }
  printf("第一天共摘的桃子个数是:  %d\n",x1);
  getch();
}
```

程序运行后的输出结果如下：

第一天共摘的桃子个数是: 1534

【例 5.6】一个班 30 位同学参加期末 C 语言考试，现要输入全班同学的成绩，统计出全班成绩的总分与平均分，并按要求输出。

全班总共 30 位同学，可以定义 30 个简单变量 x1，x2，...，x30，然后在程序中表示成 sum=x1+x2+x3+…+x30，这样程序需重复写很多代码，也不科学，那么如何解决这个问题呢？其实，仔细分析一些，不难得出结论，求全班学生的总成绩的步骤应该是：

（1）输入第一个学生的成绩。

（2）将这个成绩加到总分中。

（3）输入第二个学生的成绩。

（4）将第二个学生的成绩加入到总分中。

（5）重复步骤（3），（4），直到全班最后一个同学的成绩输入并加入到总分为止。

（6）最后用总分除以全班总人数得出平均分。

程序如下：

```c
#include <stdio.h>
main()
{
    int score,i,sum=0;
    float avg;
    i=1;
    printf("请输入全班 30 个学生的成绩: ");
    while(i<=30)
    {   scanf("%d",&score);
        sum=sum+score;
        i=i+1;
    }
    avg=sum/30.0;
    printf("全班 30 个学生的总分为: %d\n",sum);
    printf("全班 30 个学生的平均分为: %.2f\n",avg);
    getch();
}
```

分析此程序，可知要掌握的知识点为：

（1）while 语句的形式。

（2）while 语句的执行过程。

5.2　do...while 语句

1．do...while 语句的形式

do...while 语句的格式为：

```c
do
    {
        语句块;
    } while (表达式);
```

其中，表达式是循环条件，语句块是循环体，do...while 语句常称为"直到型"循环语句。

2．do...while 语句的执行过程

执行过程如下：

（1）执行 do 后面循环体中的语句。

（2）计算 while 后圆括号中表达式的值。当值为非零时，转去执行步骤（1），当值为零时，结束 do...while 循环。

do...while 与前面的 while 循环十分相似，它们之间的区别是：while 循环控制出现在循环体之前，只有当 while 后面表达式的值为真时，才可能执行循环体；而 do...while，总是先执行一次循环体，然后再求循环条件表达式的值。即无论表达式的值是真还是假，循环体至少执行一次。

注意：

（1）do...while 是先执行语句，后判断表达式。

（2）第一次条件为真时，while，do...while 等价；第一次条件为假时，二者不同。

（3）在 if、while 语句中，表达式后面都没有分号，而在 do...while 语句的表达式后面则必须加分号。

直到型循环的执行流程如图 5-4 所示。

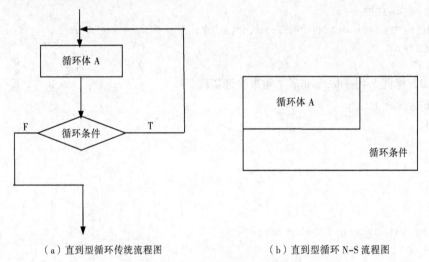

（a）直到型循环传统流程图　　　　　　（b）直到型循环 N-S 流程图

图 5-4　直到型循环的流程图

【例 5.7】将例 5.2 用 do...while 语句来改进实现。

```c
#include "stdio.h"
main()
{
    int i;
    float x1,x2,x3,x4,sum,avg;
    i=1;
    do
    { printf("请输入第%d个同学四门课的成绩",i);
      scanf("%f%f%f%f",&x1,&x2,&x3,&x4);
      sum=x1+x2+x3;
      avg=sum/4;
      printf("第%d个同学的总分为%.2f,平均分%.2f\n",i,sum,avg);
      i=i+1;
    }
    while(i<=6);
    getch();
}
```

【例 5.8】将例 5.3 用 do...while 语句来改进实现。

```c
#include <stdio.h>
main()
{
    int i,sum=0;
    i=1;
    do
    {
        sum+=i;
        i++;
    }
    while(i<=100);
    printf("1+2+3+…+100 的和为:%d\n",sum);
    getch();
}
```

【例 5.9】将例 5.4 用 do...while 语句来改进实现。

```c
#include <stdio.h>
main()
{
    int i;
    i=1;
    do
    {
        if(i%3!=0)printf("%3d",i);
        i++;
    }
    while(i<=50);
    getch();
}
```

3．do...while 语句的拓展实例

【例 5.10】编写程序，从键盘上连续输入若干个字符，直到输入的是回车换行符时结束。统计并输出所输入的空格、大写字母、小写字母，以及其他字符（不包含回车换行符）的个数。要求用 do...while 实现循环。

分析：若程序运行时输入一串字符是："Hello,World!"，则图 5-5 所示为输出的结果。

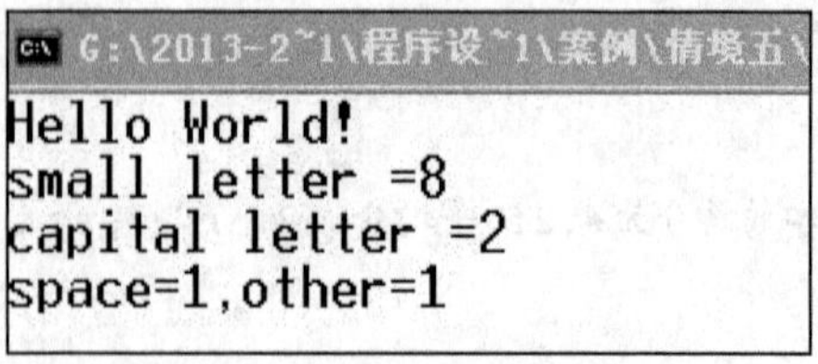

图 5-5　例 5.10 的运行结果

程序中有如下几点要注意：

（1）考虑到 do...while 循环要先做一次循环体后，才去测试循环控制条件，而循环体里主要

是分情况对变量 ch 里的内容进行多分支处理。所以在进入循环前，必须为 ch 赋一个初值，程序里把它赋为空格。

（2）由于变量 ch 里的初值是空格，不是通过键盘输入得到的，因此不能对它进行计数。所以记录空格数的变量 m 的初值应该设置为-1。

（3）控制循环进行的条件是：(ch=getchar())!='\n'，即先通过函数 getchar()读入一个字符，将其赋予变量 ch，然后再测试 ch 里的内容是否为回车换行符。因为 ch=getchar()是一个赋值语句，所以要在它的外面用圆括号括起来，才能对 ch 里的内容进行测试。

程序如下：

```
#include <stdio.h>
main()
{
    char ch=' ';                        /*输入字符的初始取值*/
    int i=0,j=0,k=0,m=-1;               /*各计数变量赋初值*/
    do
    {
        if(ch>'a' && ch<='z')           /*小写英文字母范围*/
            i++;
        else if (ch>='A' && ch<='Z')    /*大写英文字母范围*/
            j++;
        else if (ch==' ')               /*表示空格*/
            m++;
        else                            /*其他字符*/
            k++;
    }
    while((ch=getchar())!='\n');
    printf("small letter =%d\ncapital letter =%d\n",i,j);
    printf("space=%d,other=%d\n",m,k);
    getch();
}
```

思考：请问用 while 语句如何改写本程序？

【例 5.11】使用 do...while 语句修改例 5.6。

程序如下：

```
#include "stdio.h"
main()
{
    int i;
    float score;
    double sum=0,avg;
    i=1;
    printf(" 请输入本班 30 个学生的成绩: ");
    do
    {
        scanf("%f",&score);
        sum=sum+score;
```

```
        i=i+1;
    }
    while(i<=30);
        avg=sum/30.0;
    printf("本班 30 个学生的总分为: %.2f\n",sum);
    printf("本班 30 个学生的平均分为: %.2f\n",avg);
    getch();
}
```

5.3　for 语 句

1. for 语句的形式

在 C 语言中，for 语句使用最为灵活，它完全可以取代 while 语句。for 语句的一般格式为：

```
for(表达式 1;表达式 2;表达式 3)
{
    语句
}
```

2. for 语句的执行过程

它的执行过程如下：

（1）先求解表达式 1。

（2）求解表达式 2，若其值为真（非 0），则执行 for 语句中指定的内嵌语句，然后执行下面步骤（3）；若其值为假（0），则结束循环，转到步骤（5）。

（3）求解表达式 3。

（4）转回上面步骤（2）继续执行。

（5）循环结束，执行 for 语句下面的一个语句。

其执行过程可用图 5-6 表示。

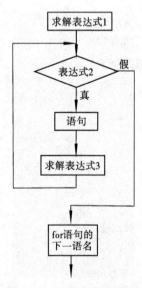

图 5-6　for 语句执行过程

for 语句最简单的应用形式也是最容易理解的形式如下：

for(循环变量赋初值;循环条件;循环变量增量)语句

循环变量赋初值总是一个赋值语句，它用来给循环控制变量赋初值；循环条件是一个关系表达式，它决定什么时候退出循环；循环变量增量，定义循环控制变量每循环一次后按什么方式变化。这三个部分之间用“;”分开。

例如：

for(i=1;i<=100;i++)sum=sum+i;

先给 i 赋初值 1，判断 i 是否小于等于 100，若是则执行语句，之后值增加 1。再重新判断，直到条件为假，即 i>100 时，结束循环。

相当于：

```
i=1;
while(i<=100)
{
    sum=sum+i;
    i++;
}
```

对于 for 循环中语句的一般形式，就是如下的 while 循环形式：

```
表达式1;
while(表达式2)
{
    语句
    表达式3;
}
```

注意：

（1）for 循环中的“表达式 1（循环变量赋初值）”、“表达式 2（循环条件）”和“表达式 3（循环变量增量）”都是选择项，即可以缺省，但“;”不能缺省。

（2）省略了“表达式 1（循环变量赋初值）”，表示不对循环控制变量赋初值。

（3）省略了“表达式 2（循环条件）”，则不做其他处理时便成为死循环。

例如：

for(i=1;;i++)sum=sum+i;

相当于：

```
i=1;
while(1)
{
    sum=sum+i;
    i++;}
```

（4）省略了“表达式 3(循环变量增量)”，则不对循环控制变量进行操作，这时可在语句体中加入修改循环控制变量的语句。

例如：

```
for(i=1;i<=100;)
{ sum=sum+i;
    i++;}
```

（5）省略了"表达式 1（循环变量赋初值）"和"表达式 3（循环变量增量）"。

例如：

```
for(;i<=100;)
{sum=sum+i;
i++;}
```

相当于：

```
while(i<=100)
{sum=sum+i;
i++;}
```

（6）3 个表达式都可以省略。

例如：

```
for(;;)语句
```

相当于：

```
while(1)语句
```

（7）表达式 1 可以是设置循环变量的初值的赋值表达式，也可以是其他表达式。

例如：

```
for(sum=0;i<=100;i++)sum=sum+i;
```

（8）表达式 1 和表达式 3 可以是一个简单表达式也可以是逗号表达式。

```
for(sum=0,i=1;i<=100;i++)sum=sum+i;
```

或：

```
for(i=0,j=100;i<=100;i++,j--)k=i+j;
```

（9）表达式 2 一般是关系表达式或逻辑表达式，但也可是数值表达式或字符表达式，只要其值非零，就执行循环体。

例如：

```
for(i=0;(c=getchar())!='\n';i+=c);
```

又如：

```
for(;(c=getchar())!='\n';);
printf("%c",c);
```

【例 5.12】将例 5.2 用 for 语句来改进实现。

```
#include "stdio.h"
main()
{
  int i;
  float x1,x2,x3,x4,sum,avg;
  for(i=1;i<=6;i++)
  {
    printf("请输入第%d个同学四门课的成绩",i);
    scanf("%f%f%f%f",&x1,&x2,&x3,&x4);
    sum=x1+x2+x3;
    avg=sum/4;
```

```
    printf("第%d个同学的总分为%.2f,平均分%.2f\n",i,sum,avg);
    }
    getch();
}
```

【例5.13】将例5.3用for语句来改进实现。

```
#include <stdio.h>
main()
{
    int i,sum=0;
    for(i=1;i<=100;i++)
    { sum+=i; }
        /*由于循环体只有一条语句，所以可将"{sum+=i; }"的花括号省略*/
    printf("1+2+3+…+100的和为:%d\n",sum);
    getch();
}
```

【例5.14】将例5.4用for语句来改进实现。

```
#include <stdio.h>
main()
{
    int i;
    for(i=1;i<=100;i++)
    {
        if(i%3!=0)printf("%3d",i);
    }
    /*由于循环体只有一条语句，所以可将"{if(i%3!=0)printf("%3d",i);}"的花括号省略*/
    getch();
}
```

3. for语句的拓展实例

【例5.15】一球从100米高度自由落下，每次落地后反跳回原高度的一半；再落下，求它在第10次落地时，共经过多少米？第10次反弹多高？

分析：球从第一次落地到第二次落地经过了第一次高度一半的两倍（上抛和下落），共经过了（100+50*2）米，将此结果存放在sum变量中；……，第n次落地，共经过前n-1次的路程加上第n-1次高度一半的两倍。这样每次的高度存放在height变量中，经过的路程存放在sum变量中。

程序如下：

```
#include "stdio.h"
main()
{
    float sn=100.0,hn=sn/2;
    int n;
    for(n=2;n<=10;n++)
    {
        sn=sn+2*hn;/*第n次落地时共经过的米数*/
```

```
    hn=hn/2; /*第 n 次反跳高度*/
  }
  printf("the total of road is %f\n",sn);
  printf("the tenth is %f meter\n",hn);
}
```

程序的运行结果如下：

共经过 299.609375 米

第 10 次反弹的高度是：0.097656 米

【例 5.16】经典案例——"百钱百鸡"问题。我国古代数学家张丘建在《算经》中出了这样一道题："鸡翁一，值钱五；鸡母一，值钱三；鸡雏三，值钱一。百钱买百鸡，问鸡翁、鸡母、鸡雏各几何？"。（鸡翁、鸡母、鸡雏不为零）。

分析：假设鸡翁买 x 只，鸡母买 y 只，鸡雏买 z 只，则由题意可得：

x+y+z=100

x+3y+0.5z=100

经过计算可知：y=1.5z-100，x=200-2.5z。

（1）当 z=2 时，计算 y 与 x 的值。

（2）当 z=4 时，计算 y 与 x 的值。

（3）当 z=8 时，计算 y 与 x 的值。

（4）一直计算到 z=98 时，计算 y 与 x 的值，显然如果 x，y 的值都大于零，则输出 x，y。所以用 for 循环的程序求解，程序如下：

```
#include<stdio.h>
main()
{
  int x,y,z;
  for(x=0;x<20;x++)
  for(y=0;y<33;y++)
    {
      z=100-a-b;
      if(x*5+y*3+z/3= =100)
        print("x=%d,y=%d,z=%d\n",x,y,z);
    }
}
```

【例 5.17】使用 for 语句修改例 5.6。

程序如下：

```
#include "stdio.h"
main()
{
  int i;
  float score;
  double sum=0,avg;
  printf(" 请输入本班 30 个学生的成绩：");
  for(i=1;i<=30;i++)
  { scanf("%f",&score);
```

```
      sum=sum+score;
   }
   avg=sum/30.0;
   printf("本班 30 个学生的总分为: %.2f\n",sum);
   printf("本班 30 个学生的平均分为: %.2f\n",avg);
   getch();
}
```

5.4　循环的嵌套

5.4.1　循环嵌套的执行过程

当一个循环的循环体内又包含另一个循环结构时，称为循环的嵌套。被嵌套的循环又可以嵌套其他的循环。在实际应用中，经常要用到循环的嵌套。C 语言提供的 3 种循环语句都可以互相嵌套。如：

```
while(…)
{
   …
   for(…;…;…)
      {…}
   …
}
```

若在循环结构的循环体内，又出现了循环结构，这就是所谓的"循环的嵌套结构"。嵌套式的结构表明各循环之间只能是"包含"关系，即一个循环结构完全在另一个循环结构的里面。通常把里面的循环称为"内循环"，外面的循环称为"外循环"。

C 语言的三种循环语句都可以嵌套，既可以自身嵌套，也可以相互嵌套。循环嵌套的层数没有限制，但一般用得较多的是二重循环或三重循环。

循环结构嵌套时，要注意：

（1）嵌套的层次不能交叉。

（2）嵌套的内外层循环不能使用同名的循环变量。

（3）并列结构的内外层循环允许使用同名的循环变量。

有如下的循环嵌套语句片段：

```
int i,j,s=0;
   for(i=1;i<100;i++)                 /*外循环*/
   {                                  /*外循环循环体开始*/
      for(j=i;j<=100;j++)             /*内循环*/
      {                               /*内循环循环体开始*/
         s=s+1;
      }                               /*内循环循环体结束*/
   }                                  /*外循环循环体结束*/
```

试问语句"s = s + 1;"共执行多少次？

因控制外循环的变量 i 是从 1 变到小于 100，一共 99 次，所以内循环这个整体将被执行 99 次。

内循环 for 每次的执行次数（由变量 j 控制）与外循环变量 i 的当前值有关，是一个不定的数。

内循环第 1 次做时，其循环控制变量 j 的初值为 1，所以它的循环体将执行 100 次；内循环第 2 次做时，其循环控制变量 j 的初值为 2，所以它的循环体将执行 99 次；……；内循环第 99 次做时，它的循环控制变量 j 的初值为 99，所以它的循环体将执行 2 次。所以，内循环体共执行：100+99+…+2=5049 次。

为了在编译时明确语句结构间的各种关系，通常采用"缩进"的格式书写程序。其实，我们在前面编程时，一直采用着这种"缩进"的格式，这是一种良好的书写程序的习惯。

【例 5.18】不断输入两个正整数，求出它们的最大公约数。直到用户回答"n"时，停止程序的运行。

程序如下：

```c
#include "stdio.h"
main()
{
  int x1, x2;
  char ch;
  while(1)
  {
    printf ("Please enter two positive integers:");
    scanf("%d%d", &x1, &x2);
    getchar();
    do
    {
      if(x1>x2)
        x1-=x2;
      else if(x2>x1)
        x2-=x1;
    }while(x1!=x2);
    printf("The greatest common divisor is %d\n", x1);
    printf("Do you want to continue?(y or n)");
    ch=getchar();
    getchar();
    if(ch=='n')
      break;
  }
  getch();
}
```

分析：while 是外循环，do...while 是内循环。while 的圆括号里，1 表示条件永远为真，即循环一直做下去。只有当在变量 ch 里输入了字符"n"时，才由 break 强制结束循环。do...while 内循环是通过辗转相减的方法求两个正整数的最大公约数的。

【例 5.19】设计一个程序，输出标准的九九乘法表。

分析：九九乘法表共有 9 行 9 列，我们可以用 i 控制行，j 控制列，用二重循环来实现。

程序如下:

```c
#include <stdio.h>
main()
{
    int i,j;
    for(i=1;i<=9;i++)
    {
        for(j=1;j<=i;j++)
            printf("%d*%d=%d\t",j,i,i*j);
        printf("\n");
    }
    getch();
}
```

程序运行结果如下:

```
1*1=1
1*2=2    2*2=4
1*3=3    2*3=4    3*3=9
1*4=4    2*4=8    3*4=12   4*4=16
1*5=5    2*5=10   3*5=15   4*5=20   5*5=25
1*6=6    2*6=12   3*6=18   4*6=24   5*6=30   6*6=36
1*7=7    2*7=14   3*7=21   4*7=28   5*7=35   6*7=42   7*7=49
1*8=8    2*8=18   3*8=24   4*8=32   5*8=40   6*8=48   7*8=56   8*8=64
1*9=9    2*9=18   3*9=27   4*9=36   5*9=45   6*9=54   7*9=63   8*9=72   9*9=81
```

【例 5.20】从键盘上键入某行数，则输出如图 5-7 所示的正立三角形。

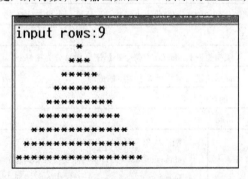

图 5-7 正立三角形图案

分析：打印图案实质上可看做是从上到下顺序输出一行行字符，而每行字符又可分解为输出空格和图案字符。从程序实现来说，图案打印可采用两层循环来实现，外层循环控制行打印，而内层循环则控制列打印。但要注意：每行图案字符后面的空格字符的输出情况，由于每行图案字符和空格字符的个数都是有规律可循，因而只要正确设置好列循环条件，就可实现图案打印。

程序如下:

```c
#include "stdio.h"
main()
{
```

```
    int n,row,col;
    printf("input rows:");
    scanf("%d",&n);
    for(row=1;row<=n;row++)                    /*控制行数*/
    {
      for(col=1;col<=n-row;col++)
      {
        printf(" ");                           /*控制星号前的空格*/
      }
      for(col=1;col<=2*row-1;col++)            /*输出每行中的星号*/
        printf("*");
      printf("\n");                            /*一行输完后换行*/
    }
    getch();
}
```

【例 5.21】一个班 30 人进行了一次考试，现要输入全班五个小组的学生成绩，每个小组 6 人，请计算每一小组的总分与平均分，并按要求输出。

分析：在前面例 5.6 中，所解决的问题是：一个小组学生成绩的总分及平均分。若现在一个班中有五个小组，现求每个小组的学生成绩的总分及平均分。也就是将例 5.6 重复进行四次，显然写四段程序是不科学的，科学的方法是再嵌套一个循环，这时就要使用循环嵌套实现。

程序 N-S 图如图 5-8 所示。

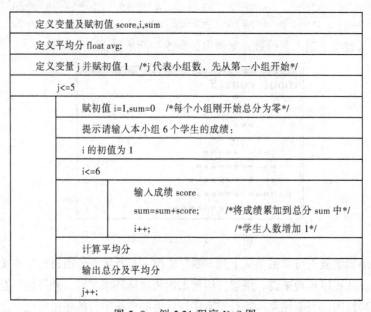

图 5-8　例 5.21 程序 N-S 图

程序如下：

```
#include "stdio.h"
main()
{
    int score,i,sum;
```

```
float avg;
int j=1;
while(j<=5)
{
    sum=0;
    i=1;
    printf(" 请输入第%d 小组学生成绩:",j);
    while(i<=6)
    {
        scanf("%d",&score);
        sum=sum+score;
        i=i+1;                        //本小组学生数增加 1
    }
    avg=sum/6.0;
    printf("本小组 6 个学生的总分为: %d\n",sum);
    printf("本小组 6 个学生的平均分为: %.2f\n",avg);
    j++;                              //下一个小组
}
getch();
}
```

5.4.2　循环嵌套结构的拓展实例

【例 5.22】一辆卡车违反交通规则，现场有三人目击事件，但都没有记住车号，只记下车号的一些特征。甲说：牌照的前两位数字是相同的；乙说：牌照的后两位数字是相同的，但与前两位不同；丙是数学家，他说：四位的车号刚好是一个整数的平方。现在请你根据以上线索帮助警方找出车号以便尽快破案。

分析：按照题目的要求造出一个前两位数相同、后两位数相同且相互间又不同的整数，然后判断该整数是否是另一个整数的平方。假设这个四位数的前两位数字都是 i，后两位数字都是 j，则这个可能的四位数 k 为：$k = 1000 * i + 100 * i + 10 * j + j$

其中，i 和 j 都在 0～9 之间变化。

现在还需使 k 满足是一个整数 m 的平方，由于 k 是一个四位数，所以，m 值不可能小于 31，因此，可从 31 开始试验是否满足 $k == m*m$，若不满足，则 m 加 1 再试，直到找到满足这些限制条件的 k 为止结束测试。

程序如下：

```
#include<stdio.h>
#include<math.h>
void main()
{
    int i,j,k,c;
    for(i=1;i<=9;i++)                    /*i:车号前二位的取值*/
        for(j=0;j<=9;j++)                /*j:车号后二位的取值*/
            if(i!=j)                     /*判断二位数字是否相异*/
            {
```

```
        k=i*1000+i*100+j*10+j;              /*计算出可能的整数*/
        for(c=31;c*c<k;c++);                /*判断该数是否为另一整数的平方*/
          if(c*c==k) printf("Lorry--No. is %d.\n",k);  /*若是，打印结果*/


    }
  getch();
}
```

5.5　break 语句和 continue 语句

5.5.1　break 语句

（1）break 语句的形式：

break;

（2）break 语句的作用

① 结束 break 所在的 switch 语句。

② 结束当前循环，跳出 break 所在的循环结构

注意：

（1）循环体中 break 语句只能退出所在循环，不能退出整个程序。

（2）break 语句只能用于 switch 和循环语句，不能用于其他。

【例 5.23】韩信点兵：相传汉高祖刘邦问大将军韩信现在统御兵士多少，韩信答，每 3 人一列余 1 人、5 人一列余 2 人、7 人一列余 4 人、13 人一列余 6 人、17 人一列余 2 人、19 人一列余 10 人。刘邦茫然而不知其数。请帮刘邦解决这一问题，韩信至少统御了多少兵士。

分析：这道题的本质就是；"一个正整数，被 3 除时余 1，被 5 除时余 2，被 7 除时余 4，被 13 除时余 6，被 17 除时余 2，被 19 除时余 10，求这个数。"所以，我们可以从最小自然数出发，一个一个地累加，如果它满足条件，则退出循环。

程序如下：

```
#include <stdio.h>
void main()
{
  long i;
  for(i=1; ;i++)
  {
    if(i%3==1&&i%5==2&&i%7==4&&i%13==6&&i%17==2&&i%19==10)
    break;
  }
  printf("韩信统领的兵数有: %ld\n",i);
  getch();
}
```

【例 5.24】计算边长 a=1 到 a=20 时正方形的面积，直到面积 area 大于 80 为止。

分析：程序中 for 循环体内，当 area>80 时，执行 break 语句，提前终止循环。

程序如下：

```c
#include <stdio.h>
main()
{
  int a;
  int area=0;
  for(a=1;a<=20;a++)
  {
    area=a*a;
    if(area>=80)  break;
    printf("\narea=%d",area);
  }
  getch();
}
```

【例 5.25】统计各班级学生的平均成绩。已知各班人数不等，但都不超过 30 人。编一个程序能处理人数不等的各班学生的平均成绩。

分析：如果各班人数相同，问题比较简单，只需要一个 for 语句控制即可：

```c
for(i=1;i<31;i++)
```

但是现在有的班不足 30 人，应当设法告诉计算机本班的人数，使程序也能统计出该班的平均成绩。可以约定，当输入的成绩是负数时，就表示本班数据已结束，当然一般成绩是不会出现负数的。在程序接受到一个负的分数时就提前结束循环，计算出本班平均成绩。

用 break 语句可以实现提前结束循环。

程序如下：

```c
#include <stdio.h>
void main()
{
  float score,sum=0,ave;
  int i,n;
  for(i=1; i<31; i++)
  { scanf("%f",&score);
    if(score<0) break;
    sum=sum+score;
  }
  n=i-1;
  ave=sum/n;
  printf("n=%d,ave=%7.2f\n",n,ave);
  getch();
}
```

运行结果

```
100✓    （输入一个学生成绩）
80✓
70✓
-1✓    （输入负数，表示本班数据结束）
n=3,ave=  90.00
```

5.5.2　continue 语句

（1）continue 语句的形式如下：

```
continue;
```

（2）continue 语句的作用：结束本次循环。

（3）continue 语句执行流程：continue 语句可以结束本次循环，即不再执行循环体中 continue 语句之后的语句，转入下一次循环条件的判断与执行。

【例 5.26】输入一个班全体学生的成绩，把不及格的学生成绩输出，并求及格学生的平均成绩。

分析：在进行循环中，检查学生的成绩，把其中不及格的成绩输出，然后跳过后面总成绩的累加和求平均成绩的语句。用 continue 语句即可处理此问题。

程序如下：

```
#include <stdio.h>
void main()
{
  float score,sum=0,ave;
  int i,n=0;
  for(i=1;i<6;i++)
  { printf("score:");
    scanf("%f",&score);
    if(score<60)
    { printf("Fail:%7.2f\n",score);
      continue;
    }
    sum=sum+score;
    n=n+1;
  }
  ave=sum/n;
  printf("n=%d,ave=%7.2f\n",n,ave);
  getch();
}
```

【例 5.27】输出 20 到 80 之间不能被 9 整除的数。

分析：对 20～80 的每一个数进行测试，如该数能被 9 整除，即模运算为 0，则由 continue 语句结束本次循环转去执行下一次循环。只有模运算不为 0 时，才输出不能被 9 整除的数。

程序如下：

```
#include "stdio.h"
main()
{
  int n;
  for(n=20;n<=80;n++)
  {
    if(n%9==0)
    continue;
  printf("%d\t",n);
```

```
        }
    getch();
}
```

【例 5.28】分析以下程序的运行结果。

```
#include "stdio.h"
main()
{
  int i,sum=0;
  for(i=1;i<=10;i++)
  {
    if(i%2==0)  break;
    sum=sum+i;
  }
  printf("i=%d,sum=%d",i,sum);
}
```

```
#include "stdio.h"
main()
{
  int i,sum=0;
  for(i=1;i<=10;i++)
  {
    if(i%2==0)  continue;
    sum=sum+i;
  }
  printf("i=%d,sum=%d",i,sum);
}
```

程序的运行结果如下：

左边程序的结果是：i=2,sum=1

右边程序的结果是：i=11,sum=1+3+5+…+9=25

5.6　几种循环的比较

while 循环、do...while 循环和 for 语可区别如下：

（1）三种循环都可以用来处理同一问题，一般情况下它们之间可以相互代替。

（2）在 while 循环和 do...while 循环中，只在 while 后面的括号内指定循环条件，因此为了使循环能正常结束，应在循环体中包含循环趋于结束的语句（如 i++，或 i=i+1 等）。

for 循环可以在"表达式 3"中包含使循环趋于结束的操作，甚至可以将循环体中的操作全部放到表达式 3 中，因此 for 语句的功能更强，凡用 while 循环能完成的，用 for 循环都能实现。

（3）用 while 和 do...while 循环时，循环变量初始化的操作应在 while 和 do...while 语句之前完成。而 for 语句可以在表达式 1 中实现循环变量的初始化。

（4）while 循环，do...while 循环和 for 循环，都可以用 break 语句跳出循环，用 continue 语句结束本次循环。

案例分析与实现

1．案例分析

根据题意可以将解题过程分为三步：

（1）计算从 1990 年 1 月 1 日开始至指定日期共有多少天。

（2）由于"打鱼"和"晒网"的周期为 5 天，所以将计算出的天数用 5 去除。

（3）根据余数判断他是在"打鱼"还是在"晒网"。

若余数为 1，2，3，则他是在"打鱼"，否则是在"晒网"。

在这三步中，关键是第一步。求从 1990 年 1 月 1 日至指定日期有多少天，要判断经历年份中是否有闰年，二月为 29 天，平年为 28 天。闰年的方法可以用伪语句描述如下：

如果((年能被 4 除尽 且 不能被 100 除尽)或能被 400 除尽)则该年是闰年，否则不是闰年。

2. 案例实现

程序代码：

```c
#include<stdio.h>
int count_day(int year, int month, int day)
{
    int count=0;
    int mon[12]={31,28,31,30,31,30,31,31,30,31,30,31};
    int i;
    if(year%4==0&&year%100!=0||year%400==0)
        mon[1]=29;
    for(i=0;i<month-1;i++)
    {
        count+=mon[i];
    }
    return count+day;
}
int main()
{
    int i,count=0;
    int y,m,d;
    printf("Enter year month day:(example:2013 9 9)\n");
    scanf("%d %d %d",&y,&m,&d);
    for(i=1990;i<y;i++)
    {
        count+=count_day(i,12,31);
    }
    count+=count_day(y,m,d);
    if(count%5<4)
        printf("He was fishing at day\n");
    else
        printf("He was sleeping at day\n");
    getch();

}
```

3. 案例执行结果

若分别输入 2013 年 11 月 11 日和 2013 年 11 月 14 日，则运行结果如图 5-9 所示。

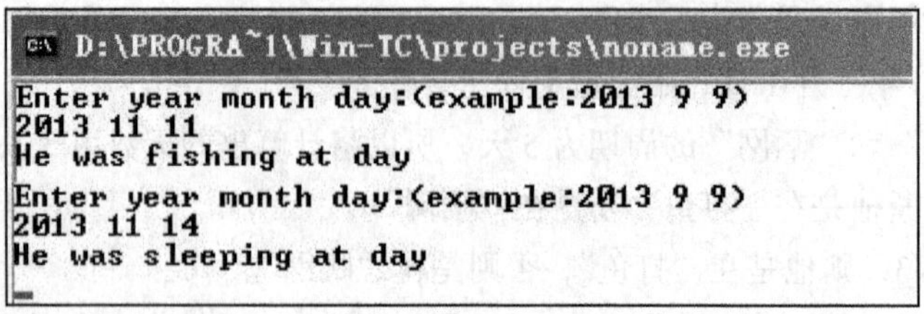

图 5-9　运行结果

情境小结

本情境主要介绍循环结构程序设计方法，需要掌握 for 循环、while 循环和 do...while 循环的基本结构和应用，掌握 break 和 continue 语句的使用方法的适用范围及用法。

在构成循环结构的三种循环语句中：while 语句、do...while 语句、for 语句中，while 语句和 for 语句属于当型循环，即先判断、后执行；而 do...while 语句属于直到型循环，即先执行、后判断。在这三种语句中，for 语句的运用最灵活，它可以对循环的初值、增值以及循环结束条件进行直接设置或对其中某一部分作特殊处理，但是当不知道循环的初始值和终止值时，还是要用 while 或 do...while 语句解决问题。for 语句的三个表达式有多种变化，大家要掌握其变化规律。另外注意 do...while 语句后面的分号。

三种循环可以相互嵌套组成多重循环，循环之间可以并列但不能交叉。在循环程序中应避免出现死循环，即应保证循环变量的值在运行过程中可以得到修改，并使循环条件逐步变为假，从而结束循环。

break 语句和 continue 语句的区别：break 语句能终止整个循环语句的执行；而 continue 语句只能结束本次循环，并开始下次循环。break 语句还能出现在 switch 语句中;而 continue 语句只能出现在循环语句中。

习　　题

1. 打印出所有的"水仙花数"。所谓"水仙花数"是指一个三位数，其各位数字立方和等于该数本身。例如：153 是一个"水仙花数"，因为 $153=1^3+5^3+3^3$。

2. 程序的功能是从三个红球、五个白球、六个黑球中任意取出八个球，且其中必须有白球，输出所有可能的方案。

3. 请输入星期几的第一个英文字母来判断一下是星期几，如果第一个字母一样，则继续判断第二个英文字母。

例：

please input the first letter of someday.

输入

F

输出

Today is Friday.

再例如：

please input the first letter of someday:

输入

S

输出

please input second letter:

输入

a

输出

```
Today is Saturday.
```

4. 用循环语句编写程序，输出如下图案：

```
******
 *****
  ****
   ***
    **
     *
```

5. 输入一个正整数 repeat（0<repeat<10），做 repeat 次下列运算：

读入 1 个正整数 n（n<=50），计算并输出 1 + 1/2 + 1/3 + …… + 1/n（保留 3 位小数）。

输入

```
2 (repeat=2)
2
10
```

输出

```
1.500
2.929
```

6. 歌德巴赫猜想：验证 2000 以内的正偶数都能够分解为两个素数之和（即验证歌德巴赫猜想对 2000 以内的正偶数成立）。

提示： 为了验证歌德巴赫猜想对 2000 以内的正偶数都是成立的，要将整数分解为两部分，然后判断出分解出的两个整数是否均为素数。若是，则满足题意；否则重新进行分解和判断。

对素数判断：素数的条件是不能被 2，3，…，m 整除，假定 m 不是素数，则可表示为 m=i*j。i<=j,i<=sqrt(m)，j>= sqrt(m)，于是，循环变量的取值范围在 2～sqrt(m)

7. 为庆祝活动，A、B、C 三条军舰要同时开始鸣放礼炮各 21 响。已知 A 舰每隔 5 秒放 1 次，B 舰每隔 6 秒放 1 次，C 舰每隔 7 秒放 1 次。假设各炮手对时间的掌握非常准确，那么请问观众总共可以听到几次礼炮声呢？

提示： 用 n 作为听到的礼炮声响的计数器，用 t 表示时间，从第 0 秒开始放第 1 响，到放完最后一响，最长时间为 20*7，因此，可以用一个 for 循环来模拟每一秒的时间变化，即 t 从 0 开始循环到 t>20*7 时结束。在循环体中判断：如果时间 t 是 5 的整数倍且 21 响未放完，则 A 舰放一响，计数器 n 加 1；如果时间 t 是 6 的整数倍且 21 响未放完，则 B 舰放一响，计数器 n 加 1；如果时间 t 是 7 的整数倍且 21 响未放完，则 C 舰放一响，计数器 n 加 1。但要注意：当有两舰或三舰同时鸣放时，应作 1 响统计，即 n 不能同时计数，只要有一个执行了计数，其他两个就不能再进行计数。利用 continue 语句编程实现。

情境六 数 组

前面各情境使用的数据都属于基本数据类型（整型、实型、字符型），其实 C 语言除了提供基本数据类型外，还提供了构造类型的数据，它们是数组类型、结构体类型、共同体类型。构造类型数据是由基本类型数据按一定规则组成的，本情境就是介绍其中的数组类型。

学习目标

- 掌握一维数组的定义、存储及应用。
- 了解二维数组的定义、存储及应用。
- 能有数组编写实用的小程序。

 案例描述

求解幻方问题。

幻方是一种古老的数字游戏，n 阶幻方就是把整数 $1\sim n^2$ 排成 $n \times n$ 的方阵，使得每行中的各元素之和，每列中各元素之和，以及两条对角线上的元素之和都是同一个数 S，S 称为幻方的幻和。在中世纪的欧洲，对幻方有某种神秘的概念，许多人佩戴幻方以图避邪，奇数阶幻方的构造方法很简单，我们先来看一个三阶幻方：

8	1	6
3	5	7
4	9	2

6.1 一 维 数 组

数组一般要先定义，才能使用。我们首先来看看一维数组的定义、引用、初始化。

6.1.1 一维数组的定义

一维数组的定义方式为：

类型说明 数组名[整型常量表达式]；

例如：int x[30];

它表示数组名为 x，该数组长度为 30，最多可以存放 30 个元素，每个元素均为 int 类型。

说明：

（1）数组名等同变量名，命名规则遵循标识符的命名规则。

（2）整型常量表达式表示数组元素的个数（数组的长度）。可以是整型常量或符号常量，不允许使用变量。

（3）数组的下标从 0 开始。例如：int x[30];

表示定义了 30 个数组元素，分别为 x[0]、x[1]、x[2]、...、x[29]。若要引用第 i 个元素，则可以表示成 x[i]。

6.1.2　一维数组的引用

数组元素通常也称为下标变量。必须先定义数组，才能使用下标变量。在 C 语言中只能逐个地使用下标变量，而不能一次引用整个数组。例如，输出有 10 个元素的数组必须使用循环语句逐个输出各下标变量：

```
for(i=0; i<10; i++)
    printf("%d",a[i]);
```

而不能用一个语句输出整个数组。

【例 6.1】求学生的综合成绩，现有 30 个学生，从键盘上输入他们的平时成绩、期终成绩，输出综合成绩。综合成绩=平时成绩×50%+期终成绩×50%。

程序如下：

```
#include<stdio.h>
main()
{
  int i;
  float a[30],b[30],c[30];
  printf("输入平时成绩:");
  for(i=0;i<30;i++)
    scanf("%f",&a[i]);
  printf("输入期终成绩:");
  for(i=0;i<30;i++)
    scanf("%f",&b[i]);
  for(i=0;i<30;i++)
    c[i]=a[i]*0.5+b[i]*0.5;
  printf("输出综合成绩");
  for(i=0;i<30;i++)
    printf("%5.1f",c[i]);
  printf("\n");
  getch();
}
```

6.1.3　一维数组的初始化

给数组赋值的方法除了用赋值语句对数组元素逐个赋值外，还可采用初始化赋值和动态赋值的方法。一维数组的初始化常见的几种形式：

（1）可以只给部分元素赋初值，此时数组定义中的长度不能省略。

当{}中值的个数少于元素个数时，只给前面部分元素赋值。例如：

int a[10]={0,1,2,3,4};

表示只给 a[0]~a[4]5 个元素赋值，而后 5 个元素自动赋 0 值。

（2）只能给元素逐个赋值，不能给数组整体赋值。

例如，给十个元素全部赋 1 值，只能写为：

`int a[10]={1,1,1,1,1,1,1,1,1,1};`

而不能写为：

`int a[10]=1;`

如给全部元素赋值，则在数组说明中，可以不给出数组元素的个数。

例如：

`int a[5]={1,2,3,4,5};`

可写为：

`int a[]={1,2,3,4,5};`

注意：如果不进行初始化，如定义 int a[5];，那么数组元素的值是随机的，编译系统不会将其设置为默认值 0。

6.1.4 一维数组拓展实例

【**例 6.2**】一个班 30 位同学参加了一次 C 语言程序设计考试，现要输入全班同学的成绩，并按学生成绩由高到低进行排序。

分析：输入 30 个学生的成绩，相信同学们通过例题 6.1 已学会了，只要定义一个数组 a[30]，然后用一个循环输入就行。而对学生成绩进行排序，可以采用多种算法进行排序，下面采用冒泡排序和选择排序两种算法。

方法一：冒泡法。

排序思路：将相邻的两个数比较，将小的调到后头。

任意几个数排序过程：

（1）比较第一个数与第二个数，若为逆序 a[0]<a[1]，则交换；然后比较第二个数与第三个数；依此类推，直至第 n-1 个数和第 n 个数比较为止——第一趟冒泡排序，结果最小的数被安置在最后一个元素位置上。

（2）对前 n-1 个数进行第二趟冒泡排序，结果使次小的数被安置在第 n-1 个元素位置。

（3）重复上述过程，共经过 n-1 趟冒泡排序后，排序结束。

程序如下：

```
#include<stdio.h>
main()
{
  int i,a[30],k,j;
  printf("请输入 30 个同学成绩: ");
  for(i=0;i<30;i++)
  scanf("%d",&a[i]);
  for(j=0;j<30;j++)
    for(i=0;i<30-j;i++)
      if(a[i]<a[i+1])
      {k=a[i];a[i]=a[i+1];a[i+1]=k;}
```

```
    printf("30 个学生的成绩排序为: ");
    for(i=0;i<30;i++)
      printf("%4d",a[i]);
    printf("\n");
    getch();
}
```

方法二：选择法。

排序思路：

（1）首先通过 n-1 次比较，从 n 个数中找出最大的，将它与第一个数交换，第一趟选择排序，结果最大的数被安置在第一个元素位置上。

（2）再通过 n-2 次比较，从剩余的 n-1 个数中找出关键字次大的记录，将它与第二个数交换，第二趟选择排序。

（3）重复上述过程，共经过 n-1 趟排序后，排序结束。

程序如下：

```
#include <stdio.h>
void main()
{
  int  a[31],i,j,k,x;
  printf("请输入 30 个学生成绩: \n");
  for(i=1;i<31;i++)
    scanf("%d",&a[i]);
  printf("\n");
  for(i=1;i<30;i++)
  {
    k=i;
    for(j=i+1;j<=30;j++)
      if(a[j]>a[k])k=j;
    if(i!=k)
    {  x=a[i];a[i]=a[k];a[k]=x; }
  }
  printf("排完序后的学生成绩为: \n");
  for(i=1;i<31;i++)
    printf("%d ",a[i]);
  getch();
}
```

【例 6.3】一个班 30 位同学参加期末 C 语言考试，现要输入全班同学的成绩，并找出其中最高分和最低分。

分析：全班总共 30 位同学，可以定义 30 个简单变量 x1，x2，…，x30，但是这样程序需重复写很多代码，也不科学，那么如何解决这个问题呢？其实，仔细分析一些，不难发现每个同学的成绩都具有相同的类型，所以我们可以采用数组来解决此例。

程序如下：

```
#include "stdio.h"
main()
{
```

```
int x[30],i,max,min;
printf("please input 30 integers:\n");
for(i=0;i<30;i++)
  scanf("%d",&x[i]);
max=min=x[0];
for(i=1;i<30;i++)
{
  if(max<x[i]) max=x[i];
  if(min>x[i]) min=x[i];
}
printf("max value is %d\n",max);
printf("min value is %d\n",min);
getch();
}
```

6.2 二 维 数 组

前面介绍的数组只有一个下标，称为一维数组，其数组元素也称为单下标变量。在实际问题中有很多量是二维的或多维的，因此 C 语言允许构造多维数组。多维数组元素有多个下标，以标识它在数组中的位置，所以也称为多下标变量。本小节只介绍二维数组，多维数组可由二维数组类推而得到。

6.2.1 二维数组的定义

二维数组定义的一般形式：

类型说明符 数组名[整型常量表达式1][整型常量表达式2]；

例如：int a[2][3];

定义了一个 2×3（2 行 3 列）的整型数组 a，它有 6 个元素。

说明：二维数组可以看成是一种特殊的一维数组。

例如：

int a[2][3];

a[0][0]	a[0][1]	a[0][2]
a[1][0]	a[1][1]	a[1][2]

以上数组可以看成三个一维数组，即 a[0]，a[1]。

6.2.2 二维数组的初始化

二维数组初始化的几种常见形式：

（1）分行初始化。例如：

int a[2][3]={{1,2,3},{4,5,6}};

（2）按元素排列顺序初始化。例如：

int a[2][3]={1,2,3,4,5,6};

（3）对部分元素赋值。例如：

int a[2][3]={{1,2},{3}};

（4）如果对全部数组元素赋值，则第一维的长度可以省略，但第二维长度不能省略，全部数据写在一个花括号中。例如：

```
int a[][3]={1,2,3,4,5,6};
```

6.2.3 二维数组的引用

二维数组元素的引用一般形式为：

数组名[下标1][下标2]；

二维数组的操作一般由二重循环（行循环，列循环）来完成。

例如：int a[3][4],表示行下标值最小从 0 开始，最大为 3−1=2；列下标值最小为 0，最大为 4−1=3，即

```
a[0][0]  a[0][1]  a[0][2]  a[0][3]
a[1][0]  a[1][1]  a[1][2]  a[1][3]
a[2][0]  a[2][1]  a[2][2]  a[2][3]
```

由此，我们可以把二维数组看作是一种特殊的一维数组，它的元素又是一个一维数组。我们可以把 a 看作是一个一维数组，它有 3 个元素：a[0]、a[1]、a[2]，每个元素又是一个包含 4 个元素的一维数组。上面定义的二维数组可以理解为定义了 3 个一维数组，即相当于

```
int a[0][4],a[1][4],a[2][4]
```

6.2.4 二维数组的拓展实例

【例 6.4】打印出杨辉三角形（要求打印出 10 行）。

```
1
1   1
1   2   1
1   3   3   1
1   4   6   4   1
1   5   10  10  5   1
...
```

分析：从杨辉三角形的图可以看出，第 1 列的元素其值都为 1，主对角线上的元素值也都为 1，其他元素的值都是其前一行的前一列与前一行的本列的值相加。

程序如下：

```c
#include "stdio.h"
#include "conio.h"
main()
{
   int i,j;
   int a[10][10];
   printf("\n");
   for(i=0;i<10;i++)
   {
     a[i][0]=1;
     a[i][i]=1;
   }
   for(i=2;i<10;i++)
     for(j=1;j<i;j++)
```

```
      a[i][j]=a[i-1][j-1]+a[i-1][j];
  for(i=0;i<10;i++)
  {
    for(j=0;j<=i;j++)
      printf("%5d",a[i][j]);
    printf("\n");
  }
  getch();
}
```

【例 6.5】一个班 30 个同学参加了三门课的考试，分别求每个学生的平均成绩和每门课程的平均成绩。

分析：要满足上述程序的要求，必须定义一个二维数组，用来存放学生各门课的成绩。这个数组的每一行表示某个学生的各门课的成绩及其平均成绩，每一列表示某门课的所有学生成绩及该课程的平均成绩。因此，在定义这个学生成绩的二维数组时行数和列数要比学生人数及课程门数多 1。成绩数据的输入输出以及每个学生的平均成绩、各门课程的平均成绩的计算方法比较简单。

程序如下：

```
#include <stdio.h>
#define NUM_std     30          /*定义符号常量学生人数为30 */
#define NUM_course  3           /*定义符号常量课程门数为3 */
void main ( )
{
  int i, j;
                                /*定义成绩数组，初始值为*/
  float score[NUM_std+1][NUM_course+1]={0};
  for(i=0;i<NUM_std;i++)
    for(j=0;j< NUM_course;j++)
    {
      printf("input the mark of %dth course of %dth student: ",
        j+1,i+1);
      scanf("%f",&score[i][j]); /*输入第i个学生的第j门课的成绩*/
    }
  for(i=0;i<NUM_std;i++)
  {
    for(j=0;j<NUM_course;j++)
    {
      score[i][NUM_course]+=score[i][j];      /*求第i个学生的总成绩*/
      score[NUM_std][j]+=score[i][j];         /*求第j门课的总成绩*/
    }
    score[i][NUM_course]/=NUM_course;         /*求第i个人的平均成绩*/
  }
  printf("NO.    C1    C2    C3      AVER\n");
                                /*输出每个学生的各科成绩和平均成绩*/
  for(i=0;i<NUM_std;i++)
  {
```

```
    printf("STU%d\t",i+1);
    for(j=0;j<NUM_course+1;j++)
      printf("%6.1f\t",score[i][j]);
    printf("\n");
  }
  printf("----------------------------------------");/*输出 1 条短画线*/
  printf("\nAVER_C  ");
  for(j=0;j<NUM_course;j++)                              /*输出每门课程的平均成绩*/
    printf ("%6.1f\t",score[NUM_std][j]);
  printf("\n");
  getch();
}
```

【例 6.6】有一个已经排好序的数组。现输入一个数，要求按原来的规律将它插入数组中。

分析：首先判断此数是否大于最后一个数，然后再考虑插入中间的数的情况，插入后此元素之后的数，依次后移一个位置。

程序如下：

```
#include "stdio.h"
#include "conio.h"
main()
{
  int a[11]={1,4,6,9,13,16,19,28,40,100};
  int temp1,temp2,number,end,i,j;
  printf("original array is:\n");
  for(i=0;i<10;i++)
    printf("%5d",a[i]);
  printf("\n");
  printf("insert a new number:");
  scanf("%d",&number);
  end=a[9];
  if(number>end)
    a[10]=number;
  else
  {
    for(i=0;i<10;i++)
    {
      if(a[i]>number)
      {
        temp1=a[i];
        a[i]=number;
        for(j=i+1;j<11;j++)
        {
          temp2=a[j];
          a[j]=temp1;
          temp1=temp2;
        }
        break;
      }
```

```
        }
    }
    for(i=0;i<11;i++)
      printf("%6d",a[i]);
    getch();
}
```

6.3　字　符　数　组

C 语言中没有字符串变量，用来存放字符数据的数组是字符数组。字符数组中的一个元素存放一个字符。

6.3.1　字符数组的定义

字符数组分为一维字符数组和多维字符数组。一维字符数组常常存放一个字符串，二维字符数组常用于存放多个字符串，可以看作是一维字符串数组。

例如：char c1[5],c2[5][10];

说明：

（1）C 语言没有提供字符串变量，对字符串处理通常采用字符数组来实现。

（2）字符串是一种以'\0'结尾的字符数组，'\0'在占用一个字节，因此，在用字符数组来存放某个字符串常量时，如果要指定字符数组的大小，那么其大小至少要比字符串的长度大 1（多定义一个单元用于存放'\0'）。

6.3.2　字符数组的初始化

（1）逐个字符赋值。例如：

    char ch[3]={'B','o','y'};

B	o	y

ch[0] ch[1] ch[2]

（2）用字符串常量赋值。例如：

char ch[5]= "Boy";

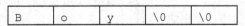

ch[0]　ch[1] ch[2]　ch[3]　ch[4]

说明：用字符串常量赋值，系统会自动在该字符串的最后加入字符串结束标志；逐个字符赋值，系统不会自动在最后加入字符串结束标志。

6.3.3　字符及字符串操作的常用函数

1．字符数组的输入

（1）scanf()函数

格式：scanf("%s",字符数组)

功能：从键盘输入一以空格或回车结束的字符串放入字符数组中，并自动加'\0'。

说明：输入串长度应小于字符数组维数，另外，逐个字符输入采用"%c"格式说明。

例如：

```
char  str[80];
scanf("%s", str);
```

当输入：□□hello□China✓时，str 将是："hello" 。

【例 6.7】利用 scanf()函数可以连续输入多个字符串，输入时，字符串间用空格分隔。

```
  char  str1[40],str2[40],str[40];
  scanf("%s%s%s",str1,str2,str3);
```

输入：I□love□China!✓

str1："I"，str2："love"，str3："China!"。

（2）gets()函数

格式：gets(字符数组)　　　　　　　/*应包含的.h 文件为 stdio.h*/

功能：从键盘输入一以回车结束的字符串放入字符数组中，并自动加'\0'。

说明：输入串长度应小于字符数组维数。

例如：char str[80];

```
    gets (str);
```

当输入：I□love□China!✓（□表示空格，✓表示回车）时，str 中的字符串为："I love China!"。

2．字符串输出

（1）printf()函数

格式：printf("%s", 字符串地址)　　　/*应包含的.h 文件为 stdio.h*/

功能：依次输出字符串中的每个字符直到遇到字符'\0'（'\0'不会被输出）。

例如：

```
    char  name[ ]="John Smith";
    printf("The name is: %s\n", name);
    printf("Last name is: %s\n", &name[5]);
    printf("First name is: %s\n", "John");
```

（2）puts()函数

格式：puts(字符串地址)　　　　　　　/*应包含的.h 文件为 stdio.h*/

功能：向显示器输出字符串（输出完，换行）。

说明：如果是字符数组，则必须以'\0'结束。

例如：

```
    char  str[ ]="I love China! ";
    puts(str);
    puts("I love wuhan! ");
```

3．求字符串的长度

格式：strlen(字符串地址)　　　　　　/*应包含的.h 文件为 string.h*/

功能：计算字符串长度。

返值：返回字符串实际长度，不包括'\0'在内。

例如：

```
char str[ ]="0123456789";
printf("%d", strlen(str));          /*输出结果为 10*/
printf("%d", strlen(&str[5]));      /*输出结果为 5*/
```

4. 字符串复制函数

格式：strcpy (字符数组 1,字符串 2)   /*应包含的.h 文件为 string.h*/

功能：将字符串 2 拷贝到字符数组 1 中去。

返值：返回字符数组 1 的首地址。

说明：① 字符数组 1 必须足够大。

② 拷贝时'\0'一同拷贝。

③ 不能使用赋值语句为一个字符数组赋值。

例如：

```
char  str1[20],str2[20];
scanf("%s",str2);
strcpy( str1,str2);
```

5. 字符串比较函数

格式：strcmp(字符串 1,字符串 2)   /*应包含的.h 文件为 string.h*/

功能：比较两个字符串。

比较规则：对两串从左向右逐个字符比较（ASCII 码），直到遇到不同字符或'\0'为止。

返值：返回 int 型整数。若字符串 1 小于字符串 2，返回负整数。

例如：下面的程序要求用户输入密码，如果输入正确，则进行相应的程序运行，否则返回。

```
char  password[20];
printf("input the password: ");
scanf("%11s", password);
if( strcmp(password, "administrator")!=0 )
    return;
{  …  }
```

在 C 语言中还有其他字符串处理函数，具体见附录 D。

6.3.4 字符数组的拓展实例

【例 6.8】输入多个学生的名字，按升序排列输出。

程序如下：

```
#include <stdio.h>
#include <string.h>
#define STUNUM  10
void main()
{
  int i, j, k, num;
  char name[STUNUM][20];
  char str[80];
  num=0;                         /*实际输入的学生人数初始化为 0 */
                                 /*输入学生名字符串（长度不能超过 19)*/
```

```
for(i=0;i<STUNUM;i++)
{
   printf("input the name of the %dth student: ", i+1);
   gets(str);              /*输入学生名字*/
   if(str[0]==0)    break;  /*为空串，表示输入结束*/
   if(strlen(str)>19)      /*学生名字符串超过 19 时，重输*/
   {    i--;continue;  }
   strcpy(name[i],str);    /*将输入的学生名字保存在数组中*/
   num++;                  /*实际输入的学生数加 1*/
}
for(i=0;i<num-1;i++)       /*选择排序（升序）*/
{
   k=i;                    /*k 为当前学生名最小的字符串数组的下标，初始假设为 i*/
                           /*查找比 name[k]小的字符串的下标放入 k 中   */
   for(j=i+1;j<num;j++)
     if(stricmp(name[k],name[j])>0)
       k=j;
   if(k!=i)                /*将最小学生名的字符串 name[k]与 name[i]交换*/
   {
      strcpy(str,name[i]);
      strcpy(name[i],name[k]);
      strcpy(name[k],str);
   }
}
for(i=0;i<num;i++)         /*显示排序后的结果*/
   printf ("%s  ",name[i]);
printf("\n");
getch();
}
```

【例 6.9】一个班 30 个同学，要求录入 30 个同学姓名，现要求输出全班同学名单。

分析：本程序主要是学会字符串的输入和输出。

程序如下：

```
#include<stdio.h>
#include<string.h>
main()
{
   char name[30][15];
   int i;
   printf("请输入 30 个同学名字: ");
   for(i=0;i<30;i++)
     gets(name[i]);
   printf("--------------------------\n");
   printf("请输出全班同学名单: \n");
   printf("--------------------------\n");
   for(i=0;i<30;i++)
```

```
    puts(name[i]);
  getch();
}
```

案例分析与实现

1. 案例分析

各数在方阵中的位置可以这样确定：

首先把 1 放在最上一行正中间的方格中，然后把下一个整数放置到右上方，如果到达最上一行，下一个整数放在最后一行，就好像它在第一行的上面，如果到达最右端，则下一个整数放在最左端，就好像它在最右一列的右侧。当到达的方格中填上数值时，下一个整数就放在刚填写上数码的方格的正下方，照着三阶幻方，从 1 至 9 走一下，就可以明白它的构造方法。

2. 案例实现过程

```c
#include <stdio.h>
#define  MAX   15
void main()
{
  int m,mm,i,j,k,ni,nj;
  int magic[MAX][MAX]={0};
  printf("Enter the number you wanted: ");
  scanf("%d",&m);
  if((m<=0)||(m%2==0))                    /*小于 0 或为偶数返回*/
  {
    printf("Error in input data.\n");
    return;
  }
  mm=m*m;
  i=0;                                    /*第一个值的位置 */
  j=m/2;
  for(k=1;k<=mm;k++)
  {
    magic[i][j]=k;
                                          /*求右上方方格的坐标 */
    if(i==0)                              /*最上一行*/
      ni=m-1;                             /*下一个位置在最下一行*/
    else
      ni=i-1;
    if(j==m-1)                            /*最右端*/
      nj=0;                               /*下一个位置在最左端 */
    else
      nj=j+1;

                                          /*判断右上方方格是否已有数*/
    if(magic[ni][nj]==0)                  /*右上方无值*/
    {
```

```
        i=ni;
        j=nj;
    }
    else                    /*右上方方格已填上数 */
      i++;
 }
 for(i=0;i<m;i++)              /*显示填充的结果*/
 {
   for(j=0;j<m;j++)
     printf("%4d",magic[i][j]);
   printf("\n");
 }
 getch();
}
```

3．案例执行结果

程序运行结果如图 6-1 所示。

图 6-1　案例执行结果

 情境小结

　　数组是程序设计中最常用的数据结构。它是一种构造类型，数组中的每一个元素必须属于同一种数据类型。数组中的元素在内存中是连续存放的。数组变量名是数组在内存中的首地址，是一地址常量，不可对其赋值。二维数组变量也是地址常量，二维数组中的每一维也是地址常量。数组可以是一维的，二维的或多维的。

　　数组类型说明由类型说明符、数组名、数组长度（数组元素个数）三部分组成。数组元素又称为下标变量。数组的类型是指下标变量取值的类型。

　　字符数组也是一种常规数组，但由于字符数组可以用来存放字符串，因此，字符数组在定义时可以利用字符串常量为字符数组变量赋初值。这是其他类型数组所不具备的。其他类型数组变量在赋值时必须使用初值列表，而字符数组却可以使用字符串常量。

　　字符串是一种以'\0'结尾的字符序列，因此用来存放字符串的字符数组的长度要比字符串的实际长度大 1 才可以。

　　C 语言提供了许多有关字符串处理的函数，这些函数在用 C 语言编程过程中经常用到，务必要熟练掌握。

习　　题

1. 编写程序：输入 10 个数放在一维数组中，输出最小的数及其下标。
2. 编写程序：将一个数组逆序输出。
3. 编写程序：求一个 3×3 矩阵对角线元素之和。

情境七 ‖ 函 数

C 语言的程序是由函数组成的，前面几个情境中所介绍的所有程序都是由一个主函数 main() 组成，程序得所有操作都在主函数中完成。实际上，C 语言程序可以包含一个 main() 函数和若干个子函数组成。主函数可以调用子函数，子函数之间也可以互相调用。

学习目标

- 熟悉函数的定义、调用。
- 掌握函数的嵌套调用与递归调用。
- 能编写和阅读模块化结构的程序。

案例描述

编写一个计算器程序，实现整数的加、减、乘、除四个运算功能。要求设计一个菜单，根据菜单功能进行四个功能的选择。

7.1 函数的定义

在 C 语言中，函数是组成 C 语言程序的基本单位。函数从形式上可分为两种：无参函数和有参函数。但是，一个 C 语言源程序无论包含多少个函数，C 语言程序总是从 main() 函数开始执行，最后回到 main() 函数结束。

7.1.1 无参函数的定义

无参函数定义的一般形式如下：

```
类型说明符 函数名()  ◄──────── 函数头

{ 声明部分
  执行部分  ◄────── 函数体

}
```

函数头（函数首部）："类型说明符"为函数的类型，即函数返回值的类型，可以是整型、实型等类型；"函数名"的命名规则与变量名的命名规则一致；小括号里是空的，没有任何参数。

函数体：一般包括声明部分和执行部分。

注意：若所调用的函数的位置放在被调用的函数的后面，则需要有函数说明语句。

【例 7.1】输出 "hello,world!"

程序 1：

```
void print()
{
  printf("hello,world!");
}
main()
{
  print();
  getch();
}
```

程序 2：

```
void print();
main()
{
  print();
  getch();
}
void print()
{
  printf("hello,world!");
}
```

void 表示这个函数无返回值，print 是函数名。

【例 7.2】用菜单的形式分别选择九九乘法表、完数。

分析：九九乘法表、完数分别作为函数，然后在主函数中调用即可。所以，在本程序中定义了两个无参函数，即 jjcfb()，ws() 分别是求九九乘法表、完数。

程序代码如下：

```
#include<stdio.h>
void jjcfb();
void ws();
main()
{
  int n;
  printf("1.九九乘法表\n");
  printf("2.完数\n");
  printf("请选择 1 或者 2");
  scanf("%d",&n);
  if(n==1) jjcfb();
  if(n==2) ws();
  getch();
}
/*九九乘法表*/
void jjcfb()
{
  int i,j,k;
  printf("%10c",'*');
```

```
   for(i=1;i<=9;i++)
     printf("%4d",i);
   printf("\n");
   for(i=1;i<=9;i++)
   {
     printf("%10d",i);
     for(j=1;j<=i;j++)
       printf("%4d",i*j);
     printf("\n");
   }
}
/*求完数*/
void ws()
{
   static int k[10];
   int i,j,n,s;
   for(j=2;j<1000;j++)
   {
     n=-1;
     s=j;
     for(i=1;i<j;i++)
     {
       if((j%i)==0)
       {
         n++;
         s=s-i;
         k[n]=i;
       }
     }
     if(s==0)
     {
       printf("%d is a wanshu",j);
       for(i=0;i<n;i++)
         printf("%d,",k[i]);
       printf("%d\n",k[n]);
     }
   }
}
```

7.1.2 空函数

一般形式如下：

类型说明符 函数名()

```
{
}
```

此函数没有任何功能，只占一个位置。这样的目的是方便扩充新的功能。

7.1.3　有参函数的定义

有参函数定义的一般形式如下：

类型说明符　函数名(形参类型　形参名1,形参类型　形参名2…)
{
　　声明部分
　　执行部分
}

有参函数比无参函数多了两个内容，其一是形式参数表，其二是形式参数类型说明。在形参表中给出的参数称为形式参数，它们可以是各种类型的变量，各参数之间用逗号间隔。在进行函数调用时，主调函数将赋予这些形式参数实际的值。形参既然是变量，当然必须给以类型说明。

【例7.3】输入两个学生成绩，输出最高分。

```
#include<stdio.h>
int maxscore(int x,int y)
{
    int max;
    if(x>y)
        max=x;
    else
        max=y;
    return(max);
}
main()
{
    int score1,score2,max;
    scanf("%d%d",&score1,&score2);
    max=maxscore(score1,score2);
    printf("maxscore=%d",max);
    getch();
}
```

本例题中第二行说明maxscore()函数是一个整型函数，其返回的函数值是一个整数。形参x，y分别为整型，x，y的具体值是由主调函数在调用时传送过来的。在maxscore()函数体中的return语句是把max的值作为函数的值返回给主调函数。有返回值函数中至少应有一个return语句。在C程序中，一个函数的定义可以放在任意位置，既可放在主函数main之前，也可放在main之后。本任务中定义了一个maxscore()函数，其位置在main之前，也可以把它放在main之后。

函数定义说明：

（1）一个函数定义是由函数首部和函数体两部分组成，函数首部包括类型说明符、函数名和参数列表；函数首部下方用"{}"括起来的部分是函数体。

（2）类型说明符是指函数返回值的数据类型，可以是任何基本类型、结构体和共用体类型和指针类型，但是不能定义返回数组的函数。如果省略，默认为int，如果函数没有返回值，可定义为void类型。

（3）函数名后面是参数列表，函数定义中的参数习惯上称为形式参数。无参函数没有参数传递，但"（）"不能省略。参数列表说明参数的类型和形式参数的名称，各形式参数用逗号隔开。

（4）函数体中的声明部分用来定义函数中所使用的变量和进行有关的声明。

（5）C 语言的函数定义都是互相平行、独立的，也就是说，在定义函数时，一个函数内部不能再定义另一个函数，即函数不能嵌套定义。

7.2　函数的调用

在函数的函数体内可以对其他函数进行调用，在进行函数调用之前需要知道被调函数的函数名、函数参数、返回值类型和函数的功能，这样才能正确地进行函数调用。定义函数的目的就是为了用这个函数，因此要学会正确使用函数。

7.2.1　函数调用的一般方法

函数调用的一般形式为：

函数名（[参数列表]）；

说明：无参函数调用没有参数，但是"（）"不能省略，有参函数若包含多个参数，各参数用","隔开，实参个数与形参个数相同，类型也必须一致。

函数调用有 3 种形式：

（1）函数语句。函数调用作为一个语句出现。这种调用方式无须函数有返回值，只要它完成某项功能。如例 7.1 中的语句 print();。

（2）函数表达式。当调用的函数有返回值时，有时会以表达式的方式调用该函数，这时要求函数带回一个确定的值以参加表达式的运算。例如：

z=5+max(a,b);

函数 max() 是表达式的一部分，它的返回值加上 5 再赋值给 z。

（3）函数参数。函数调用作为一个函数的实参，这是实际应用当中用的较多的一种方式。例如：

z=max(a,max(b,c));

这语句的执行方式为，先求出 b，c 中的较大数，然后用这个数与 a 比较，再求出它们之间的较大数，最后 z 的值是 a，b，c 中的最大值。

在函数调用中还应该注意的一个问题是求值顺序的问题。所谓求值顺序是指对实参表中各量是自左至右进行求值，还是自右至左进行求值。对此，各系统的规定不一定相同。

【例 7.4】输入两个数，求两数之和。

```c
#include<stdio.h>
int add(int x,int y)
{
    int z;
    z=x+y;
    return z;
}
main()
{
    int x,y,sum;
```

```
    scanf("%d%d",&x,&y);
    sum=add(x,y);
    printf("sum=%d",sum);
    getch();
}
```

程序说明：例题中要求用一个 add()函数来实现两个数的加法运算，并得到一个和带回主函数。显然，两个整数的和是整数，因此 add()函数也应该是 int 型。两个加数是在主函数中输入的，在 add()函数中进行加法运算的，因此应该定义这个函数为有参函数，在函数调用时进行数据的传递。

函数是相互独立的，但不是孤立的，它们通过调用时的参数传递、函数的返回值及全局变量来相互联系。

7.2.2 函数的声明

使用库函数时，一般应该在本文件开头用#include 命令将调用有关库函数时所需用到的信息"包含"到本文件中来。例如，前面用到的#include<stdio.h>。

其中 "stdio.h"是一个头文件。包含了输入输出库函数所用到的一些宏定义信息。

如果使用用户自己定义的函数，而且该函数与调用它的函数（即主调函数）在同一个文件中，一般还应该在主调函数中对被调用的函数进行声明，即向编译系统声明将要调用此函数，并将有关信息通知编译系统。

（1）函数声明与函数定义位置关系：

① 函数定义位置在前，函数调用在后，不必声明，编译程序产生正确得调用格式。

② 函数定义在调用它的函数之后或者函数在其他源程序模块中，且函数类型不是整型时，为了使编译程序产生正确得调用格式，可以在函数使用前对函数进行声明。这样不管函数在什么位置，编译程序都能产生正确得调用格式。

（2）函数声明的格式：

函数声明也叫函数的原型，函数声明的格式：

函数类型 函数名(参数类型 1,参数类型 2,…)

或者

函数类型 函数名(参数类型 1 参数名 1,参数类型 2 参数名 2,…)

说明：

① 如果被调函数的定义出现在主调函数之前，则主调函数中可以不加声明。因为编译系统已经先知道了已定义的函数类型，会根据函数首部提供的信息对函数的调用作正确性检查。

② 如果在所有函数定义之前已做了函数声明，则各主调函数不必再对其进行声明。

函数原型用法可以参照例 7.1，例 7.1 中的程序 1，printf()函数在 main()函数之前定义了，就不必在 main()函数中对 print 声明。而程序 2 中，printf()函数在 main()函数之后定义，所以 main()函数在调用 printf()函数之前需要对 printf()函数进行声明。

用函数原型来声明函数，还能减少编写程序时可能出现的错误。由于函数声明的位置与函数调用语句的位置比较近，因此在写程序时便于就近参照函数原型来书写函数调用，不容易出错。

7.2.3 函数的参数与返回值

【例 7.5】有 5 名同学参加了若干门课程的考试，现求出每门课程的总分及平均分。

分析：在本案例中，设计了一个求总分和平均分的子函数，主函数调用该子函数完成任务目标。

程序代码如下：

```c
void ave(int n,int kc)
{
  int score,i,j;
  float sum,avg;
  for(j=1;j<=kc;j++)
  {
    sum=0;
    printf("请输入第%d门考试成绩\n",j);
    for(i=1;i<=n;i++)
    {
      scanf("%d",&score);
      sum+=score;
    }
    avg=sum/n;
    printf("第%d门课程的总分为%f,平均分为%f\n",j,sum,avg);
  }

}
main()
{
  int n=5,kc;
  printf("请输入要统计的课程门数为:");
  scanf("%d",&kc);
  ave(n,kc);
  getch();
}
```

分析此程序可以发现，主函数调用了子函数 ave()。

（1）形式参数（简称形参）：函数定义时设置的参数。

在本例子中，子函数首部 void ave(int n,int kc)中 n，kc 就是形参，它们的类型为整型。

（2）实际参数（简称实参）：调用函数时所使用的实际的参数。

通过本例子的代码，我们可以发现，主函数的调用函数语句是：ave(n,kc)，其中 n，kc 就是实参，它们的类型都为整型。

说明：

① 实参除了变量外，还可以是常量、函数、表达式等。

② 形参在函数未调用之前是不存在的，只有在发生函数调用时，函数中的形参才会被分配内存单元。在函数执行结束后，这些形参所占据的内存单元会被自动释放。

③ 实参与形参的个数和数据类型应一致。

（3）参数传递。

在调用函数时，主调函数与被调函数之间有数据传递即实参传递给形参。具体的传递方式有两种：

- 传值：将实参单向传递给形参。
- 传地址：将实参地址单向传递给形参。

说明：

对于传地址不会影响实参的值，不等于不影响实参指向的数据。

（4）返回值。

在执行被调函数时，如果要将控制或被调用函数的值返回给调用函数，则需要使用返回语句。返回语句有三种方式：

```
return(表达式);
return 表达式;
return;
```

说明：

① return 语句用于结束被调函数的执行并返回到调用函数。

② 如果被调函数中没有返回语句 return，则执行完该函数体的最后一条语句才返回。

③ 返回值的类型必须和被调函数类型一致。

7.3 函数的嵌套调用

C 语言的函数定义是互相平行、独立的，也就是说在定义函数时，一个函数内不能包含另一个函数，也就是说函数不能嵌套定义。

C 语言虽然不能嵌套定义，但是可以嵌套调用函数，也就是说，在调用一个函数的过程中，又调用另一个函数。

7.3.1 数组名作为函数参数

在函数调用中，我们可以用数组名作为函数参数，此时实参与形参都应用数组名（或用指针变量，见情境八）

【例 7.6】30 个学生参加了 C 语言考试，现求这 4 个学生的平均成绩。

程序如下：

```
float ave(float a[30])
{
  int i;
  float aver,sum=a[0];
  for(i=1;i<30;i++)
    sum=sum+a[i];
  aver=sum/30;
  return(aver);
}
main()
{
  float score[30],aver;
  int i;
  for(i=0;i<30;i++)
```

```
    scanf("%f",&score[i]);
aver=ave(score);
printf("平均分为：%f",aver);
getch();
}
```

用数组名作函数参数与用数组元素作实参有几点不同：

（1）用数组元素作实参时，只要数组类型和函数的形参变量的类型一致，那么作为下标变量的数组元素的类型也和函数形参变量的类型是一致的。因此， 并不要求函数的形参也是下标变量。 换句话说，对数组元素的处理是按普通变量对待的。用数组名作函数参数时， 则要求形参和相对应的实参都必须是类型相同的数组，都必须有明确的数组说明。当形参和实参二者不一致时，即会发生错误。

（2）在普通变量或下标变量作函数参数时，形参变量和实参变量是由编译系统分配的两个不同的内存单元。在函数调用时发生的值传送是把实参变量的值赋予形参变量。在用数组名作函数参数时，不是进行值的传送，即不是把实参数组的每一个元素的值都赋予形参数组的各个元素。因为实际上形参数组并不存在，编译系统不为形参数组分配内存。那么，数据的传送是如何实现的呢？在情境六中我们曾介绍过，数组名就是数组的首地址。因此在数组名作函数参数时所进行的传送只是地址的传送，也就是说把实参数组的首地址赋予形参数组名。形参数组名取得该首地址之后，也就等于有了实在的数组。实际上是形参数组和实参数组为同一数组，共同拥有一段内存空间。

例题 7.6 的主函数中，score 为实参数组名，类型为浮点型数据，计算机给其分配一段内存单元，a 为形参数组名，当发生函数调用时，进行地址传送，把实参数组 score 的首地址传送给形参数组名 a，于是 score，a 两数组共占同一段连续内存单元。

（3）前面已经讨论过，在变量作函数参数时，所进行的值传送是单向的。即只能从实参传向形参，不能从形参传回实参。形参的初值和实参相同，而形参的值发生改变后，实参并不变化，两者的终值是不同的。例 7.5 而当用数组名作函数参数时，情况则不同。由于实际上形参和实参为同一数组，因此当形参数组发生变化时，实参数组也随之变化。当然这种情况不能理解为发生了“双向”的值传递。但从实际情况来看，调用函数之后实参数组的值将由于形参数组值的变化而变化。例 7.6 的程序很好地说明了这种情况。

7.3.2 嵌套调用

【例 7.7】一个班 30 个同学参加 C 语言程序设计考试，请用菜单的方式求本课程的平均分、最高分、最低分。

分析：本案例中主函数的功能是设计一个菜单，由选择的菜单调用相应的函数，本程序中定义了求本门课程的平均分、最高分、最低分的函数，并且还定义了隔线函数 gexian()。

程序如下：

```
#include<stdio.h>
void gexian()
{
  printf("--------------------------------------------------\n");
}
```

```
void average(float b[],int size)
{
  int i=0;
  float temp=0.0;
  for(;i<size;i++)
    temp+=b[i];
  gexian();
  printf("平均分为: %f",temp/size);
}
void max(float b[],int size)
{
  int i=1;
  float temp=b[0];
  for(;i<size;i++)
    if(temp<b[i])
      temp=b[i];
  gexian();
  printf("最高分是: %f",temp);
}
void min(float b[],int size)
{
  int i=1;
  float temp=b[0];
  for(;i<size;i++)
    if(temp>b[i])
      temp=b[i];
  gexian();
  printf("最低分是: %f",temp);
}
main()
{
  float a[30];
  int i;
  gexian();
  printf("      c语言程序设计成绩统计\n");
  gexian();
  printf("1.统计c语言程序设计成绩的平均分\n");
  printf("2.统计c语言程序设计成绩的最高分\n");
  printf("3.统计c语言程序设计成绩的最低分\n");
  gexian();
  printf("请输入30位同学成绩");
  for(i=0;i<30;i++)
    scanf("%f",&a[i]);
  printf("请输入1~3之间的一个数");
  scanf("%d",&i);
  if(i==1)
    average(a,30);
```

```
    if(i==2)
      max(a,30);
    if(i==3)
      min(a,30);
    getch();
}
```

　　C语言中不允许作嵌套的函数定义。因此各函数之间是平行的，不存在上一级函数和下一级函数的问题。但是C语言允许在一个函数的定义中出现对另一个函数的调用。这样就出现了函数的嵌套调用。即在被调函数中又调用其他函数。这与其他语言的子程序嵌套的情形是类似的。

　　例7.7中主函数调用了average()、max()、min()三个函数，而这三个函数又分别调用了gexian()函数，这就是要解决的问题，即函数的嵌套调用，关于嵌套调用关系如图7-1所示。

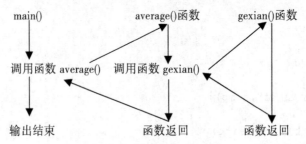

图 7-1　嵌套调用关系图

　　图7-1表示了两层嵌套的情形。其执行过程是：执行main()函数中调用average()函数的语句时，即转去执行average()函数，在average()函数中调用gexian()函数时，又转去执行gexian()函数，gexian()函数执行完毕返回average()函数的断点继续执行，average()函数执行完毕返回main()函数的断点继续执行。

7.4　函数的递归调用

　　函数直接或间接的调用自身叫函数的递归调用，这种函数称为递归函数。C语言允许函数的递归调用。在递归调用中，主调函数又是被调函数。执行递归函数将反复调用其自身。每调用一次就进入新的一层。

　　说明：

　　（1）C编译系统对递归函数的自调用次数没有限制。

　　（2）每调用函数一次，在内存堆栈区分配空间，用于存放函数变量、返回值等信息，所以递归次数过多，可能引起堆栈溢出。

　　递归调用过程（两个阶段）：

　　（1）递推阶段：将原问题不断地分解为新的子问题，逐渐从未知的方向向已知的方向推测，最终达到已知的条件，即递归结束条件，这时递推阶段结束。

　　（2）回归阶段：从已知条件出发，按照"递推"的逆过程，逐一求值回归，最终达到"递推"的开始处，结束回归阶段，完成递归调用。

　　【例7.8】用递归法求 n!

　　分析：$n! = n \times (n-1) \times (n-2) \times \ldots \times 1$

递归公式：

$$n!= \begin{cases} 1 & (n=1) \\ n \times (n-1) & (n>1) \end{cases}$$

程序如下：

```c
#include "stdio.h"
int fact();
main()
{
  int n;
  scanf("%d",&n);
  printf("%d!=%d\n",n,fact(n));
  getch();
}
int fact(int j)
{
  int sum;
  if(j==1)
    sum=1;
  else
    sum=j*fact(j-1);
  return sum;
}
```

【例7.9】猜年龄。有5个人坐在一起，问第五个人多少岁？他说比第4个人大2岁。问第4个人岁数，他说比第3个人大2岁。问第三个人，又说比第2人大2岁。问第2个人，说比第一个人大2岁。最后问第一个人，他说是10岁。请问第五个人多大？

分析：

本例子利用递归的方法，递归分为回推和递推两个阶段。要想知道第五个人岁数，需知道第四个人的岁数，依此类推，推到第一个人（10岁），再往回推。若用 age(n) 表示第 n 个人的年龄，则有公式：

$$age(n)= \begin{cases} 10 & (n=1) \\ age(n-1)+2 & (n>1) \end{cases}$$

程序如下：

```c
#include "stdio.h"
int age(int n)
{
  int c;
  if(n==1) c=10;
  else c=age(n-1)+2;
  return(c);
}
main()
{
  printf("第五个人的年龄为：%d",age(5));
  getch();
}
```

以上递归调用的执行和返回情况，可以借助图 7-2 来说明。

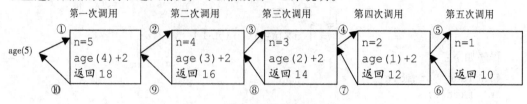

图 7-2　递归调用的执行和返回

7.5　局部变量和全局变量

从变量的作用域角度可以将变量分为局部变量和全局变量两种。局部变量是定义在函数之内的，全局变量是定义在整个程序空间的。变量是有"寿命"或"生存期"的。变量的生存期取决于它的存储类别，本节就是从变量的生存期这个角度来认识变量。

什么是"变量的作用域"？每个变量可以比作一盏灯，它的照亮的区域就是它的"作用域"，在该区域内的任何地方都能"看到"它，自然也就能访问到该变量；超过了此区域就访问不到了，因为"看不到了"。

一般的从作用域的角度来看，可以将变量分为"全局变量"和"局部变量"。

1.　作用域和生存期的基本概念

（1）变量的作用域：即变量的作用范围（或有效范围）。表现为变量有的可以在整个程序或其他程序中进行引用，有的则只能在局部范围内引用。

按其作用域范围可分为两种：局部变量和全局变量。

（2）变量的生存期：变量从被生成到被撤销的这段时间，实际上就是变量占用内存的时间。

按其生存期可分为两种：动态变量和静态变量。

2.　局部变量作用域和生存期

（1）定义：在函数内作定义说明的变量，也称为内部变量。

（2）作用域：仅限于函数内，离开函数后不可再引用。

（3）生存期：从函数被调用的时刻到函数返回调用处的时刻（静态局部变量除外）。

说明：

① 主函数 main( )中定义的变量也是局部变量，它只能在主函数中使用，其他函数不能使用。同时，主函数中也不能使用其他函数中定义的局部变量。

② 形参变量属于被调用函数的局部变量；实参变量则属于全局变量或调用函数的局部变量。

③ 允许在不同的函数中使用相同的变量名，它们代表不同的对象，分配不同的单元，互不干扰，也不会发生混淆。

④ 在复合语句中定义的变量也是局部变量，其作用域只在复合语句范围内。其生存期是从复合语句被执行的时刻到复合语句执行完毕的时刻。

3.　全局变量作用域和生存期

（1）定义：在函数外部作定义说明的变量，也称为外部变量。它不属于哪一个函数，而属于一个源程序文件。

（2）作用域：从定义变量的位置开始到本源文件结束，及有 extern 说明的其他源文件。

（3）生存期：与程序相同。即从程序开始执行到程序终止的这段时间内，全局变量都有效。

例 7.10 中 s1，s2，s3 就属于全局变量。

说明：

① 应尽量少使用全局变量，全局变量的缺点如下：

- 全局变量在程序全部执行过程中始终占用存储单元。
- 降低了函数的独立性、通用性、可靠性及可移植性。
- 降低程序清晰性，容易出错。

② 若外部变量与局部变量同名，则外部变量被屏蔽。

4. 变量的存储类型

在 C 语言中，对变量的存储类型说明有以下四种：

```
auto        自动变量
register    寄存器变量
extern      外部变量
static      静态变量
```

自动变量和寄存器变量属于动态存储方式，外部变量和静态变量属于静态存储方式。在介绍了变量的存储类型之后，可以知道对一个变量的说明不仅应说明其数据类型，还应说明其存储类型。因此变量说明的完整形式应为：

存储类型说明符　数据类型说明符　变量名，变量名…;

例如：

```
static int a,b;                说明 a,b 为静态类型变量
auto char c1,c2;               说明 c1,c2 为自动字符变量
static int a[5]={1,2,3,4,5};   说明 a 为静态整型数组
extern int x,y;                说明 x,y 为外部整型变量
```

下面分别介绍以上四种存储类型：

（1）自动变量（auto）。

在前面所有案例的函数中定义的变量实际上都是自动变量，只是省略了关键字 auto。自动变量有以下几个特点：

① 自动变量的作用域仅限于定义该变量的个体内。在函数中定义的自动变量，只在该函数内有效。在复合语句中定义的自动变量只在该复合语句中有效。 例如：

```
int kv(int a)
{
  auto int x,y;
{ auto char c;
} /*c 的作用域*/
…
} /*a,x,y 的作用域*/
```

② 自动变量属于动态存储方式，只有在使用它，即定义该变量的函数被调用时才给它分配存储单元，开始它的生存期。函数调用结束，释放存储单元，结束生存期。因此，函数调用结束

之后，自动变量的值不能保留。在复合语句中定义的自动变量，在退出复合语句后也不能再使用，否则将引起错误。例如，以下程序：

```
main()
{
  auto int a,s,p;
  printf("\nInput a number:\n");
  scanf("%d",&a);
  if(a>0)
  {
    s=a+a;
    p=a*a;
  }
  printf("s=%d p=%d\n",s,p);
}
```

s，p 是在复合语句内定义的自动变量，只能在该复合语句内有效。而程序的第 11 行却是退出复合语句之后用 printf 语句输出 s，p 的值，这显然会引起错误。

③ 由于自动变量的作用域和生存期都局限于定义它的个体内（函数或复合语句内），因此不同的个体中允许使用同名的变量而不会混淆。即使在函数内定义的自动变量也可与该函数内部的复合语句中定义的自动变量同名。

④ 对构造类型的自动变量如数组等，不可作初始化赋值。

（2） 静态变量（static）。

静态变量的类型说明符是 static。静态变量当然是属于静态存储方式，但是属于静态存储方式的量不一定就是静态变量，例如外部变量虽属于静态存储方式，但不一定是静态变量，必须由 static 加以定义后才能成为静态外部变量，或称静态全局变量。对于自动变量，前面已经介绍它属于动态存储方式。但是也可以用 static 定义它为静态自动变量，或称静态局部变量，从而成为静态存储方式。由此看来，一个变量可由 static 进行再说明，并改变其原有的存储方式。

① 静态局部变量：在局部变量的说明前加上 static 就构成静态局部变量。

静态局部变量属于静态存储方式，它具有以下特点：

a. 静态局部变量在函数内定义，但不像自动变量那样，当调用时就存在，退出函数时就消失。静态局部变量始终存在着，也就是说它的生存期为整个源程序。

b. 静态局部变量的生存期虽然为整个源程序，但是其作用域仍与自动变量相同，即只能在定义该变量的函数内使用该变量。退出该函数后，尽管该变量还继续存在，但不能使用它。

c. 允许对构造类静态局部量赋初值。在数组情境中，介绍数组初始化时已作过说明。若未赋以初值，则由系统自动赋以 0 值。

d. 对基本类型的静态局部变量若在说明时未赋以初值，则系统自动赋予 0 值。而对自动变量不赋初值，则其值是不定的。根据静态局部变量的特点，可以看出它是一种生存期为整个源程序的量。虽然离开定义它的函数后不能使用，但如再次调用定义它的函数时，它又可继续使用，而且保存了前次被调用后留下的值。因此，当多次调用一个函数且要求在调用之间保留某些变量的值时，可考虑采用静态局部变量。虽然用全局变量也可以达到上述目的，但全局变量有时会造成意外的副作用，因此仍以采用局部静态变量为宜。

【例 7.10】 该例说明静态变量的性质和作用。

```c
#include <stdio.h>
void main()
{
    int i;
    void func();                    /*函数说明*/
    for(i=1;i<=5;i++)
        func();                     /*函数调用*/
}
void func()                         /*函数定义*/
{
    static int j=0;
    ++j;
    printf("%d ",j);
}
```

运行结果：1 2 3 4 5

② 静态全局变量：全局变量（外部变量）的说明之前再冠以 static 就构成了静态全局变量。

全局变量改变为静态变量后是改变了它的作用域，限制了它的使用范围。当一个源程序由多个源文件组成时，非静态的全局变量可通过外部变量说明使其在整个源程序中都有效。而静态全局变量只在定义该变量的源文件内有效，在同一源程序的其他源文件中不能通过外部变量说明来使用它。

（3）外部变量（extern）。

外部变量和全局变量是对同一类变量的两种不同角度的说法。全局变量是从它的作用域提出的；外部变量从它的存储方式提出的，表示了它的生存期。外部变量属于静态存储类型。

【例 7.11】 引用其他文件中的外部变量。

原文件 prg1.cpp

```c
int a, b;                    /*外部变量定义*/
int max();                   /*外部函数声明*/
void main()
{
    int c;
    a=4,b=5;
    c=max();
    printf("max=%d\n",c);
}
```

原文件 prg2.cpp

```c
extern int a,b;              /*外部变量定义*/
int max()
{
    return(a>b?a:b);
}
```

通过编译、链接、运行结果为：5

（4）寄存器变量（register）。

上述各类变量都存放在存储器内，因此当对一个变量频繁读/写时，必须要反复访问内存储器，从而花费大量的存取时间。为此，C语言提供了另一种变量，即寄存器变量。这种变量存放在CPU的寄存器中，使用时，不需要访问内存，而直接从寄存器中读/写，这样可提高效率。寄存器变量的说明符是register。对于循环次数较多的循环控制变量及循环体内反复使用的变量均可定义为寄存器变量。

【例7.12】该例说明寄存器变量的作用。

```
main()
{
    register i,s=0;
    for(i=1;i<=100;i++)
        s=s+i;
    printf("s=%d\n",s);
}
```

5. 内部函数和外部函数

函数一旦定义后就可被其他函数调用。但当一个源程序由多个源文件组成时，在一个源文件中定义的函数能否被其他源文件中的函数调用呢？因此，C语言又把函数分为两类：内部函数和外部函数。

（1）内部函数：如果在一个源文件中定义的函数只能被本文件中的函数调用，而不能被同一源程序其他文件中的函数调用，这种函数称为内部函数。一般形式为：

static 　类型说明符　函数名(形参表)

（2）外部函数：外部函数在整个源程序中都有效，其定义的一般形式为：

extern 　类型说明符　　函数名(形参表)

例如：

F1.C（源文件一）

```
main()
{
    extern int f1(int i);        /*外部函数说明，表示f1函数在其他源文件中*/
    ...
}
```

F2.C（源文件二）

```
extern int f1(int i);        /*外部函数定义*/
{
    ...
}
```

【例7.13】输入正方体的长宽高 l，w，h。求体积及三个面的面积。

分析：本程序中定义了三个外部变量 s1，s2，s3，用来存放三个面积，其作用域为整个程序。函数 vs()用来求正方体体积和三个面积，函数的返回值为体积 v。由主函数完成长宽高的输入及结果输出。由于C语言规定函数返回值只有一个，当需要增加函数的返回数据时，用外部变量是一种很好的方式。

程序如下：

```
int s1,s2,s3;
int vs( int a,int b,int c)
{
    int v;
    v=a*b*c;
    s1=a*b;
    s2=b*c;
    s3=a*c;
    return v;
}
main()
{
    int v,l,w,h;
    printf("\nInput length,width and height\n");
    scanf("%d%d%d",&l,&w,&h);
    v=vs(l,w,h);
    printf("v=%d s1=%d s2=%d s3=%d\n",v,s1,s2,s3);
    getch();
}
```

【例 7.14】将任意两个字符串连接成一个字符串（数组名作为函数参数实现地址传递方式）。

程序如下：

```
#include <stdio.h>
void mergestr(char s1[ ], char s2[ ], char s3[ ]);
void main()
{
    char str1[ ]={"Hello "};
    char str2[ ]={"china!"};
    char str3[40];
    mergestr(str1,str2,str3);
    printf("%s\n",str3);
    getch();
}
void mergestr (char s1[ ], char s2[ ], char s3[ ])
{
    int i,j;
    for(i=0;s1[i]!='\0';i++)              /*将 s1 复制到 s3 中*/
        s3[i]=s1[i];
    for(j=0;s2[j]!='\0';j++)              /*将 s2 复制到 s3 的后边 */
        s3[i+j]=s2[j];
    s3[i+j]='\0';                         /*置字符串结束标志*/
}
```

案例分析与实现

1. 案例分析

为了使程序得结构清晰，可以将此案例进行分解：a 任务分别设计 4 个函数来实现+、−、×、/ 四个运算；b 任务制作菜单并根据需要调用相应的函数。

而 a 任务又比较多，所以将它分解：c 任务负责加法运算；d 任务负责减法运算；e 任务负责乘法运算；f 任务负责除法运算。

2. 案例实现过程

```c
#include<stdio.h>
#include<stdlib.h>
int sum(int a,int b);
int sub(int a,int b);
int mul(int a,int b);
double div(int a,int b);
void menu();
void select(char ch);
int main()
{
  char ch;
  while(1)
  {
    menu();
    printf("请输入您的选择(1,2,3,4,0):");
    ch=getchar();
    select(ch);
  }

}
void select(char ch)
{
  int a,b,c;
  double f;
  printf("请输入两个整数:");
  scanf("%d%d",&a,&b);
  switch(ch)
  {
  case '1':c=sum(a,b);
  printf("\n%d+%d=%d\n",a,b,c);break;
  case '2':c=sub(a,b);
  printf("\n%d-%d=%d\n",a,b,c);break;
  case '3':c=mul(a,b);
  printf("\n%d*%d=%d\n",a,b,c);break;
  case '4':
  if(b==0)
  {
    printf("您输入的除数为 0,请重新输入除数的值;");
    scanf("%d",&b);
  }
```

```
        f=div(a,b);
        printf("\n%d/%d=%f\n",a,b,f);break;
        case '0':exit(0);
    }
}
int sum(int a,int b)
{
    return a+b;
}
int sub(int a,int b)
{
    return a-b;
}
int mul(int a,int b)
{
    return a*b;
}
double div(int a,int b)
{
    return(double)a/b;
}
void menu()
{
    printf("-------------------------------------\n");
    printf("        计算器\n");
    printf("  1.加法;2.减法;3.减法;4.除法;0.退出\n");
    printf("-------------------------------------\n");
}
```

3．案例执行结果

程序运行结果如图 7-3 所示。

图 7-3　案例执行结果

 ## 情境小结

1．函数的分类

（1）库函数：由 C 系统提供的函数；

（2）用户定义函数：由用户自己定义的函数；

（3）有返回值的函数向调用者返回函数值，应说明函数类型（即返回值的类型）；

（4）无返回值的函数：不返回函数值，说明为空(void)类型；

（5）有参函数：主调函数向被调函数传送数据；

（6）无参函数：主调函数与被调函数间无数据传送；

（7）内部函数：只能在本源文件中使用的函数；

（8）外部函数：可在整个源程序中使用的函数。

2. 函数定义的一般形式：

[extern/static] 类型说明符 函数名([形参表])

方括号内为可选项。

3. 函数说明的一般形式：

[extern] 类型说明符 函数名([形参表]);

4. 函数调用的一般形式：

函数名([实参表])

5. 函数的参数分为形参和实参两种，形参出现在函数定义中，实参出现在函数调用中，发生函数调用时，将把实参的值传送给形参。

6. 函数的值是指函数的返回值，它是在函数中由 return 语句返回的。

7. 数组名作为函数参数时不进行值传送而进行地址传送。形参和实参实际上为同一数组的两个名称。因此形参数组的值发生变化，实参数组的值当然也变化。

8. C语言中，允许函数的嵌套调用和函数的递归调用。

9. 可从三个方面对变量分类，即变量的数据类型，变量作用域和变量的存储类型。在情境二中主要介绍变量的数据类型，本章中介绍了变量的作用域和变量的存储类型。

10. 变量的作用域是指变量在程序中的有效范围，分为局部变量和全局变量。

11. 变量的存储类型是指变量在内存中的存储方式，分为静态存储和动态存储，表示了变量的生存期。

12. 变量分类特性表如表 7-1 所示。

表 7-1　变量分类特性表

存 储 方 式	存储类型说明符	作 用 域
动态存储	自动变量 auto 寄存器变量 register 形式参数	本函数内有效
静态存储	静态局部变量	函数内有效
	静态外部变量	本文件内有效
	外部变量	其他文件可引用

习　题

一、选择题

1. 一个完整的 C 源程序是（　　）。

A. 由一个主函数或一个以上的非主函数构成

B. 由一个主函数和零个以上的非主函数构成

C. 由一个主函数和一个以上的非主函数构成

D. 由一个且只有一个主函数或多个非主函数构成

2. 若在 C 语言中未说明函数的类型，则系统默认该函数的数据类型是（　　　）。

A. float　　　　　　B. long　　　　　　　C. int　　　　　　D. double

3. 下面程序段运行后的输出结果是（　　　）（假设程序运行时输入 5，3 回车 ）。

```
int a, b;
void swap( )
{
  int t;
  t=a;
  a=b;
  b=t;
}
main()
{
  scanf("%d,%d", &a, &b);
  swap();
  printf("a=%d,b=%d\n",a,b);
}
```

A. a=5,b=3　　　　B. a=3,b=5　　　　　C. 5,3　　　　　D. 3,5

4. 以下程序的运行结果是（　　　）。

```
void f(int a, int b)
{
  int t;
  t=a;
  a=b;
  b=t;
}
main()
{
  int x=1, y=3, z=2;
  if(x>y) f(x,y);
  else if(y>z)
       f(x,z);
  else f(x,z);
    printf("%d,%d,%d\n",x,y,z);
}
```

A. 1,2,3　　　　B. 3,1,2　　　　　C. 1,3,2　　　　D. 2,3,1

二、编程题

1. 自定义函数的形式编程实现，求 s=m!+n!+k!，m、n、k 从键盘输入（值均小于 7 ）。

2. 请编写两个自定义函数，分别实现求两个整数的最大公约数和最小公倍数，并用主函数调用这两个函数，输出结果（两个整数由键盘输入得到）。

情境八 | 指　针

　　指针是 C 语言中广泛使用的一种数据类型。运用指针编程是 C 语言最主要的风格之一。利用指针变量可以表示各种数据结构；能很方便地使用数组和字符串；并能像汇编语言一样处理内存地址，从而编出精练而高效的程序。指针极大地丰富了 C 语言的功能。可以这样说，能否正确理解和使用指针是我们是否掌握 C 语言的一个标志。同时，指针也是 C 语言中最为困难的一部分，在学习中除了要正确理解基本概念，还必须要多编程，上机调试。只要做到这些，指针也是不难掌握的。

学习目标
- 掌握指针的概念、指针变量的定义、引用。
- 掌握指针实现数组的输入/输出。
- 运用指针指向函数并设计应用程序。

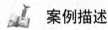 案例描述

　　有 n 个人围成一圈，顺序排号。从第一个人开始报数（从 1 到 3 报数），凡报到 3 的人退出圈子，问最后留下的是原来第几号的那位。

8.1　指　针　变　量

　　指针是 C 语言的一个重要特色，正确理解和使用指针是衡量是否成功使用 C 语言编程的标准之一，引进指针的目的，就是为了能直接访问内存单元，为了方便系统软件的编写。在 C 语言中，不仅数据单元可以通过指针来访问，程序代码存放在内存的位置也可以被看作指针，用于进行程序的调用。

8.1.1　地址和指针的概念

　　我们知道，一栋教学楼每间教室，都编有号码，根据教室号可以找到相应的上课教室。在计算机中，所有的数据都是存放在存储器中的。一般把存储器中的一个字节称为一个内存单元，不同的数据类型所占用的内存单元数不等，如整型量占 2 字节，字符量占 1 字节等，在情境二中已有详细的介绍。为了正确地访问这些内存单元，必须为每个内存单元编上号。根据一个内存单元的编号即可准确地找到该内存单元。内存单元的编号也叫做地址，如图 8-1 所示。既然根据内存单元的编号或地址就可以找到所需的内存单元，所以通常也把这个地址称为指针。内存单元的指针和内存单元的内容是两个不同的概念。

在 C 语言中，允许用一个变量来存放指针，这种变量称为指针变量。因此，一个指针变量的值就是某个内存单元的地址或称为某内存单元的指针。严格来说，一个指针是一个地址，是一个常量。而一个指针变量却可以被赋予不同的指针值，是变量。为了避免混淆，我们约定"指针"是指地址，是常量，"指针变量"是指取值为地址的变量。 定义指针的目的是为了通过指针去访问内存单元。

既然指针变量的值是一个地址， 那么这个地址不仅可以是变量的地址，也可以是其他数据结构的地址。在一个指针变量中存放一个数组或一个函数的首地址有何意义呢？因为数组或函数都是连续存放的。通过访问指针变量取得了数组或函数的首地址，也就找到了该数组或函数。这样一来，凡是出现数组，函数的地方都可以用一个指针变量来表示，只要该指针变量中赋予数组或函数的首地址即可。这样做，将会使程序的概念十分清楚，程序本身也精练、高效。在 C 语言中，一种数据类型或数据结构往往都占有一组连续的内存单元。用"地址"这个概念并不能很好地描述一种数据类型或数据结构，而"指针"虽然实际上也是一个地址，但它却是一个数据结构的首地址，它是"指向"一个数据结构的，因而概念更为清楚，表示更为明确。 这也是引入"指针"概念的一个重要原因。

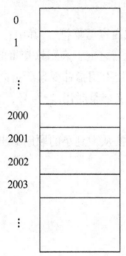

图 8-1　内存地址示意图

8.1.2　指针变量的定义

用来存放数据地址的变量叫指针变量。

一般形式为：

　　数据类型 *指针变量名[=初值]；

其中，数据类型是指针变量所指向单元的值的数据类型；"*"是指针变量的定义符；"指针变量名"命名规则同一般变量，但表示一个地址。

例如：

```
int *p1;
```

表示 p1 是一个指针变量，它的值是某个整型变量的地址。 或者说 p1 指向一个整型变量。至于 p1 究竟指向哪一个整型变量， 应由向 p1 赋予的地址来决定。

8.1.3 指针变量的初始化

只有定义了指针变量，我们才可以写入指向某种数据类型的变量的地址，或者说是为指针变量赋初值。

设有指向整型变量的指针变量 p，如要把整型变量 a 的地址赋予 p 可以有以下两种方式：

（1）指针变量初始化的方法：

```
int a;
int *p=&a;
```

（2）赋值语句的方法：

```
int a;
int *p;
p=&a;
```

不允许把一个数赋予指针变量，故下面的赋值是错误的：

```
int *p;p=1000;
```

被赋值的指针变量前不能再加*说明符，如写为*p=&a 也是错误的。

8.1.4 指针变量的引用

指针变量包括取地址运算符&和取内容运算符*。其中：

（1）&：取地址运算符：用于变量名之前，表示该变量的内存地址。

（2）*：指针运算符：其含义是间接引用指针变量所指向的值。

要注意"*"号的不同意义，在定义变量时用"*"号，表示定义了一个指针变量；在引用时用"*"号，表示间接运算。

【例 8.1】输入两个学生的成绩，按从大到小的顺序输出。

程序如下：

```
#include<stdio.h>
main()
{
  int *p1,*p2,*p,a,b;
  scanf("%d%d",&a,&b);
  p1=&a;
  p2=&b;
  if(a<b)
  {
    p=p1;
    p1=p2;
    p2=p;
  }
  printf("a=%d,b=%d\n",a,b);
  printf("*p1=%d,*p2=%d\n",*p1,*p2);
  getch();
}
```

程序运行结果：

```
78 89
a=78,b=89
*p1=89,*p2=78
```

以上程序通过指针变量的引用改变其指向变量的值，但是变量的值未发生变化，程序运行过程中，中间变量 p 中存放的是 a 的地址，发生变化的是指针变量 p1 和 p2 的指向，变量 a 和 b 的值自始至终都没有发生变化，因此得到上述运行结果。程序运行过程如图 8-2 所示。

注意：不同类型的指针变量不能混用。

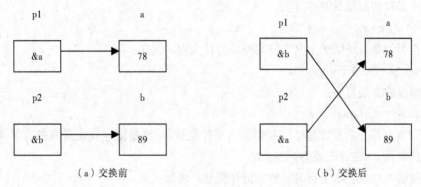

图 8-2　交换指针

8.1.5　指针变量的运算

指针变量可以进行某些运算，但其运算的种类是有限的。它只能进行赋值运算和部分算术运算及关系运算。

1. 指针运算符

（1）取地址运算符 &。

取地址运算符&是单目运算符，其结合性为自右至左，其功能是取变量的地址。在 scanf()函数及前面介绍指针变量赋值中，我们已经了解并使用了&运算符。

（2）取内容运算符 *。

取内容运算符*是单目运算符，其结合性为自右至左，用来表示指针变量所指的变量。在*运算符之后跟的变量必须是指针变量。需要注意的是指针运算符*和指针变量说明中的指针说明符*不是一回事。在指针变量说明中，*是类型说明符，表示其后的变量是指针类型。而表达式中出现的*则是一个运算符用以表示指针变量所指的变量。

2. 指针变量的运算

（1）赋值运算。指针变量的赋值运算有以下几种形式：

● 指针变量初始化赋值，前面已作介绍。

● 把一个变量的地址赋予指向相同数据类型的指针变量。例如：

```
int a,*pa;
pa=&a; /*把整型变量 a 的地址赋予整型指针变量 pa*/
```

● 把一个指针变量的值赋予指向相同类型变量的另一个指针变量。如：

```
int a,*pa=&a,*pb;
pb=pa; /*把 a 的地址赋予指针变量 pb*/
```

由于 pa, pb 均为指向整型变量的指针变量，因此可以相互赋值。

● 把数组的首地址赋予指向数组的指针变量。

例如： int a[5],*pa;

pa=a; (数组名表示数组的首地址，故可赋予指向数组的指针变量 pa)

也可写为：

pa=&a[0]; /*数组第一个元素的地址也是整个数组的首地址，也可赋予 pa*/

当然也可采取初始化赋值的方法：

int a[5],*pa=a;

● 把字符串的首地址赋予指向字符类型的指针变量。例如：

char *pc;pc="c language";

或用初始化赋值的方法写为：

char *pc="C Language";

这里应说明的是并不是把整个字符串装入指针变量， 而是把存放该字符串的字符数组的首地址装入指针变量。 在后面还将详细介绍。

● 把函数的入口地址赋予指向函数的指针变量。例如：

int (*pf)();pf=f; /*f 为函数名*/

（2）加减算术运算。对于地址的运算，只能进行整型数据的加、减运算。

规则：指针变量 p+n 表示将指针指向的当前位置向前或向后移动 n 个存储单元。指针变量的算术运算结果是改变指针的指向。

指针变量算术运算的过程：

p=p+n;p=p-n

注意：p+n 不是加（减）n 个字节，而是加（减）n 个数据单元。

【例 8.2】一个班进行了 C 语言程序考试，现要输入两个学生成绩，并用指针方式输出。

分析：在本任务中，定义并初始化了整型变量 a 和 b，此外还定义了两个指向整型数据的指针变量 p1 和 p2，同时让指针变量分别指向整型变量 a 和 b，因此，当程序中需要引用变量 a 和 b 时，就可以用两种不同的方式（直接访问、间接访问）引用该数据了。

程序代码如下：

```c
#include "stdio.h"
main()
{
  int *p1,*p2,a,b;
  printf("请输入成绩: ");
  scanf("%d%d",&a,&b);
  p1=&a;
  p2=&b;
  printf("输出成绩: ");
  printf("a=%d,b=%d\n",a,b);
  printf("*p1=%d,*p2=%d\n",*p1,*p2);
  getch();
}
```

8.2　指针与数组

变量在内存中是按地址存取的，数组在内存中同样也是按地址存取的。指针变量可以用于存放变量的地址，也可以指向变量，当然也可以存放数组的首地址和数组元素的地址，这就是说，指针变量可以指向数组或数组元素。对数组而言，数组和数组元素的引用，也可同样使用指针变量。

8.2.1　指向数组元素的指针

数组的指针其实就是数组在内存中的起始地址。而数组在内存中的起始地址就是数组变量名，也就是数组第一个元素在内存中的地址。如果将数组的起始地址赋给某个指针变量，那么该指针变量就是指向数组的指针变量。例如：

```
int a[10],*p;
p=a;或者 p=&a[0];
```

则 p 就得到了数组的首地址。其中，a 是数组的首地址，&a[0]是数组元素 a[0]的地址，由于 a[0]的地址就是数组的首地址。所以，两句赋值操作效果完全相同。指针变量 p 就是指向数组 a 的指针变量。

8.2.2　一维数组元素的指针访问方式

一维数组的数组名实际上就是该数组的第一个元素的指针。若有如下定义：

```
int a[10],*p;
p=a;或者 p=&a[0];
```

（1）C 语言规定指针对数组的表示方法：

`*(a+1)`等价于 a[1]

`*(a+2)`等价于 a[2]

…

`*(a+i)`等价于 a[i]

这种指针表达方式不仅可以访问第一个元素，结合指针移动还可以访问数组的其他元素。

（2）指向一维数组第一个元素的指针可以像一维数组名那样使用。例如：

`*(p+1)`等价于 a[1]

`*(p+2)`等价于 a[2]

…

`*(p+i)`等价于 a[i]

（3）指向数组的指针变量也可用数组的下标形式表示为 p[i]，其效果相当于*(p+i)。

8.2.3　指向多维数组的指针变量

我们以二维数组为例介绍多维数组的指针变量。

（1）多维数组地址的表示方法。

定义一个二维数组：

```
int a[3][4];
```

存放形式如图 8-3 所示。

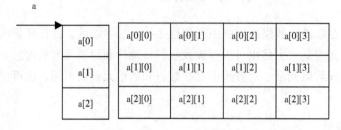

图 8-3　二维数组的存放方式

设数组 a 的首地址为 1000，在情境六中介绍过，　C 语言允许把一个二维数组分解为多个一维数组来处理。因此数组 a 可分解为三个一维数组，即 a[0]，a[1]，a[2]。每一个一维数组又含有四个元素。例如 a[0]数组，含有 a[0][0]，a[0][1]，a[0][2]，a[0][3]四个元素。

数组及数组元素的地址表示如下：

a 是二维数组名，也是二维数组 0 行的首地址，等于 1000。a[0]是第一个一维数组的数组名和首地址，因此也为 1000。*(a+0)或*a 是与 a[0]等效的，它表示一维数组 a[0] 0 号元素的首地址，也为 1000。&a[0][0]是二维数组 a 的 0 行 0 列元素首地址，同样是 1000。因此，a，a[0]，*(a+0)，*a，&a[0][0]是相等的。同理，a+1 是二维数组 1 行的首地址，等于 1008。a[1]是第二个一维数组的数组名和首地址，因此也为 1008。&a[1][0]是二维数组 a 的 1 行 0 列元素地址，也是 1008。因此 a+1,a[1],*(a+1),&a[1][0]是等同的。由此可得出：a+i，a[i]，*(a+i)，&a[i][0]是等同的。 此外，&a[i]和 a[i]也是等同的。因为在二维数组中不能把&a[i]理解为元素 a[i]的地址，不存在元素 a[i]。

C 语言规定，它是一种地址计算方法，表示数组 a 第 i 行首地址。由此，我们得出：a[i]，&a[i]，*(a+i)和 a+i 也都是等同的。另外，a[0]也可以看成是 a[0]+0 是一维数组 a[0]的 0 号元素的首地址，而 a[0]+1 则是 a[0]的 1 号元素首地址，由此可得出 a[i]+j 则是一维数组 a[i]的 j 号元素首地址，它等于&a[i][j]。由 a[i]=*(a+i)得 a[i]+j=*(a+i)+j，由于*(a+i)+j 是二维数组 a 的 i 行 j 列元素的首地址。该元素的值等于*(*(a+i)+j)。

（2）多维数组的指针变量。

把二维数组 a 分解为一维数组 a[0]，a[1]，a[2]之后，设 p 为指向二维数组的指针变量。可定义为：

```
int (*p)[4];
```

它表示 p 是一个指针变量，它指向二维数组 a 或指向第一个一维数组 a[0]，其值等于 a，a[0]，或&a[0][0]等。而 p+i 则指向一维数组 a[i]。从前面的分析可得出*(p+i)+j 是二维数组 i 行 j 列的元素的地址，而*(*(p+i)+j)则是 i 行 j 列元素的值。

二维数组指针变量说明的一般形式为：

```
类型说明符 (*指针变量名)[长度]
```

其中，"类型说明符"为所指数组的数据类型。"*"表示其后的变量是指针类型。"长度"表示二维数组分解为多个一维数组时，一维数组的长度，也就是二维数组的列数。应注意"（*指针变量名）"两边的括号不可少，如缺少括号则表示是指针数组，意义就完全不同了。

【例 8.3】用指针法输入/输出二维数组各元素。

```c
#include<stdio.h>
main()
{
  int a[3][4],(*p)[4];
  int i,j;
  for(i=0;i<3;i++)
    for(j=0;j<4;j++)
        scanf("%d",&a[i][j]);
  p=a;
  for(i=0;i<3;i++)
  { for(j=0;j<4;j++)
      printf("% 4d",*(*(p+i)+j));
    printf("\n");
  }
  getch();
}
```

8.2.4　指针与字符串

经过前面情境学习可知，C 语言只有字符串常量没有字符串变量，C 语言是用字符型数组来存储字符串变量的。同时，我们又知道，数组名代表字符串的首地址，也就是任何指向字符串第一个元素的指针都可以代表该字符串。

由于指针变量可以对数组（整型、实型数组）进行操作，同样，使用一个指向字符串的指针变量来实现字符数组的操作，是字符串操作的另一种方式。

【例 8.4】使用字符串指针输出字符串。

```c
#include<stdio.h>
main()
{
  char str[10];
  char *p=str;
  gets(str);
  printf("%s\n",p);
  getch();
}
```

用字符数组和字符指针变量都可实现字符串的存储和运算，但是两者是有区别的。在使用时应注意以下几个问题：

① 字符串指针变量本身是一个变量，用于存放字符串的首地址。而字符串本身是存放在以该首地址为首的一块连续的内存空间中，并以'\0'作为串的结束。字符数组是由于若干个数组元素组成的，它可用来存放整个字符串。

② 对字符数组作初始化赋值，必须采用外部类型或静态类型，例如：

```c
static char st[]={"C Language"};
```

而对字符串指针变量则无此限制，如：

```
char *ps="C Language";
```

③ 对字符串指针方式：

```
char *ps="C Language";
```

可以写为：

```
char *ps; ps="C Language";
```

而对数组方式：

```
static char st[]={"C Language"};
```

不能写为：

```
char st[20];st={"C Language"};
```

而只能对字符数组的各元素逐个赋值。

从以上几点可以看出字符串指针变量与字符数组在使用时的区别，同时也可看出使用指针变量更加方便。前面说过，当一个指针变量在未取得确定地址前使用是危险的，容易引起错误。但是对指针变量直接赋值是可以的。因为 C 系统对指针变量赋值时要给以确定的地址。因此，

```
char *ps="C Langage";
```

或者 char *ps;

ps="C Language";都是合法的。

【例 8.5】一个班 30 个同学进行了 C 语言考试，现要用指针实现全班同学成绩的输入/输出。

分析：当我们定义一个一维数组时，该数组在内存中就会由系统分配一段连续的存储空间，其数组名就是数组在内存中的首地址。若再定义一个指针变量，并将数组的首地址赋给该指针变量，则该指针变量就指向了这个一维数组。通常我们说数组名是数组的首地址，也就是数组的指针。对一维数组的引用，既可以用传统的数组元素的下标法，也可使用指针的表示方法。

程序代码如下：

方法一：指针下标法。

```
#include<stdio.h>
main()
{
  int n,a[30];
  int *p=a;
  for(n=0;n<30;n++)
    scanf("%d",p+n);
  for(n=0;n<30;n++)
    printf("%5d",*(p+n));
  printf("\n");
}
```

方法二：指针法。

```
#include<stdio.h>
main()
{
  int n,a[30];
  int *p=a;
  for(n=0;n<30;n++)
```

```
    scanf("%d",p++);
  p=a;
  for(n=0;n<30;n++)
    printf("%5d",*p++);
  printf("\n");
}
```

从以上这个例子读者必须要熟练掌握指向一维数组元素的指针和一维数组元素的指针访问方式。

8.3　指针与函数

情境七中我们学过，函数可以通过一个 return 返回一个值，如果要函数返回多个值怎么办？显然用 return 返回语句是办不到的。同时"值传递"过程中实参与形参是彼此独立的存储空间，数据的传递本质上是一种数据的复制，如果形参与实参过多，势必造成内存大和引起数据复制量的增大，降低了效率。因此，C 语言采用了一种叫指针传递的方式来改变上述两种不足。

8.3.1　指针变量作为函数的参数

参数传递有两种方式：值传递和地址传递。

- 传值调用：将参数值传递给形参。实参和形参占用各自的内存单元，互不干扰，函数中对形参值的改变不会改变实参的值，属于单向数据传递方式。
- 传址调用：将实参的地址传递给形参。形参和实参占用同样的内存单元，对形参值的改变也会改变实参的值，属于双向数据传递方式。

【例 8.6】输入两个学生成绩，按照由大到小的顺序输出。

分析：函数的参数不仅可以是整型、实型、字符型及数组等数据，也可以是指针类型数据。当使用指针类型做函数参数时，实际上是将一个变量的地址传向另一个函数。由于被调函数中获得了变量的地址，该地址空间中的数据变更在函数调用结束后将被物理地址保留下来（不同于用简单变量作函数参数时的单向值传递关系）。

程序代码如下：

情形 1：

```
 void swap(int x,int y)
 {
   int temp;
   temp=x;
   x=y;
   y=temp;
 }
void main()
{
   int a, b;
   scanf("%d,%d",&a,&b);
   if(a<b)
```

```
        swap(a,b);
      printf("\n%d,%d\n",a,b);
      getch();
    }
```

输入：80,90

输出：80,90

情形 2：

```
void swap(int *p1, int *p2)
{
  int p;
  p=*p1;
  *p1=*p2;
  *p2=p;
}
void main( )
{
  int a,b;
  int *p_1, *p_2;
  scanf("%d,%d",&a,&b);
  p_1=&a;p_2=&b;
  if(a<b)
    swap(p_1,p_2);
  printf("\n%d,%d\n",a,b);
  getch();
}
```

输入：80,90

输出：90,80

情形 3：

```
void swap(int x,int y)
{
  int t;
  t=x; x=y; y=t;
}
void main()
{
  int a,b;
  int *p_1,*p_2;
  scanf("%d,%d",&a,&b);
  p_1=&a;  p_2=&b;
  if(a<b)
    swap(*p_1, *p_2);
  printf("\n%d,%d\n",a,b);
  getch();
}
```

输入：80,90

输出：80,90

情形 4：

```
void swap(int *p1, int *p2)
{
    int *p;
    p=p1;
    p1=p2;
    p2 = p;
}
void main()
{
    int a,b;
    int *p_1, *p_2;
    scanf("%d,%d",&a,&b);
    p_1=&a;p_2=&b;
    if(a<b)  swap(p_1,p_2);
    printf("%d,%d", *p_1,*p_2);
    getch();
}
```

输入：80,90

输出：80,90

通过例 8.6 实现过程各情形我们可以分析：

（1）指针变量作为参数，从调用函数向被调用函数传递的不是一个变量，而是变量的地址，如情形 2 和情形 4。

（2）指针变量作为函数的参数，从实参向形参的数据传递仍然遵循"单向值传递"的原则，只不过此时传递的是地址，因此对形参的任何操作都相当于对实参的操作。从这个意义上讲，指针变量作函数参数的传递又具有了"双向性"，可以带回操作后的结果。情形 2 如图 8-4 所示。

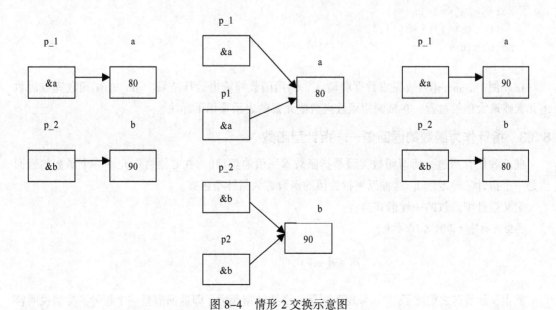

图 8-4 情形 2 交换示意图

8.3.2　数组指针作为函数的参数

在 C 语言中，不可能将一维实参数组的所有元素整体赋予形参数组变量，而只能将实参数组的指针或数组元素赋值给对应的形参变量。在情境六中曾经介绍过用数组名作函数的实参和形参的问题。在学习指针变量之后就更容易理解这个问题了。数组名就是数组的首地址，实参向形参传送数组名实际上就是传送数组的地址，形参得到该地址后也指向同一数组。这就好像同一件物品有两个彼此不同的名称一样。同样，指针变量的值也是地址，数组指针变量的值即为数组的首地址，当然也可作为函数的参数使用。

【例 8.7】一个班 40 个同学参加 C 语言考试，现要求输出最高分。

```c
#include<stdio.h>
main()
{
  int sub_max(int b[],int i);
  int a[40],n;
  int *p=a;
  int max;
  for(n=0;n<40;n++)
    scanf("%d",&a[n]);
  max=sub_max(p,40);
  printf("max=%d\n",max);
  getch();
}
int sub_max(int b[],int i)
{
  int t,j;
  t=b[0];
  for(j=1;j<=i-1;j++)
    if(t<b[j]) t=b[j];
  return(t);
}
```

在此例中，main()函数完成数据的输入、调用函数并输出运行结果。sub_max()函数完成对数组元素找最大值的过程。在被调用函数内数组元素的表示采用下标法。

8.3.3　指针作为函数的返回值——指针型函数

前面我们介绍过，所谓函数类型是指函数返回值的类型。在 C 语言中允许一个函数的返回值是一个指针（即地址），这种返回指针值的函数称为指针型函数。

定义指针型函数的一般形式为：

类型说明符　*函数名 (形参表)

{

*　...　　　　　　　　　　　　　/*函数体*/*

}

其中，函数名之前加了"*"号表明这是一个指针型函数，即返回值是一个指针。类型说明符表示了返回的指针值所指向的数据类型。

如：

```
int *ap(int x,int y)
{
    ... /*函数体*/
}
```

表示 ap 是一个返回指针值的指针型函数，它返回的指针指向一个整型变量。

【例 8.8】输入一个 1~7 之间的整数， 输出对应的星期名。

程序如下：

```
main()
{
  int i;
  char *day_name(int n);
  printf("input Day No:\n");
  scanf("%d",&i);
  if(i<0) exit(1);
  printf("Day No:%2d-->%s\n",i,day_name(i));
  getch();
}
char *day_name(int n)
{
  static char *name[]={ "Illegal day",
                        "Monday",
                        "Tuesday",
                        "Wednesday",
                        "Thursday",
                        "Friday",
                        "Saturday",
                        "Sunday"};
  return((n<1||n>7) ? name[0] : name[n]);
}
```

例 8.8 中定义了一个指针型函数 day_name()，它的返回值指向一个字符串。该函数中定义了一个静态指针数组 name。name 数组初始化赋值为八个字符串，分别表示各个星期名及出错提示。形参 n 表示与星期名所对应的整数。在主函数中， 把输入的整数 i 作为实参， 在 printf 语句中调用 day_name()函数并把 i 值传送给形参 n。day_name()函数中的 return 语句包含一个条件表达式， n 值若大于 7 或小于 1 则把 name[0] 指针返回主函数输出出错提示字符串 Illegal day。否则返回主函数输出对应的星期名。主函数中的第 7 行是个条件语句，其语义是，如输入为负数(i<0)则中止程序运行退出程序。exit 是一个库函数，exit(1)表示发生错误后退出程序，exit(0)表示正常退出。

应该特别注意的是函数指针变量和指针型函数这两者在写法和意义上的区别。如 int(*p)()和 int *p()是两个完全不同的量。int(*p)()是一个变量说明， 说明 p 是一个指向函数入口的指针变量，该函数的返回值是整型量，(*p)的两边的括号不能少。int *p() 则不是变量说明而是函数说明，说明 p 是一个指针型函数，其返回值是一个指向整型量的指针，*p 两边没有括号。作为函数说明，在括号内最好写入形式参数，这样便于与变量说明区别。 对于指针型函数定义，int *p()只是函数头部分，一般还应该有函数体部分。

8.3.4　指向函数的指针——函数型指针

（1）函数型指针的概念

函数在编译时被分配的入口地址，用函数名表示。

（2）函数型指针变量定义的一般形式为：

函数类型　(*指针变量名)()

其中，"函数类型"表示被指函数的返回值的类型。"(* 指针变量名)"表示"*"后面的变量是定义的指针变量。最后的空括号表示指针变量所指的是一个函数。

例如： int (*pf)();

表示 pf 是一个指向函数入口的指针变量，该函数的返回值（函数值）是整型。

【例 8.9】用函数指针变量调用函数，比较两个数大小。

```c
#include <stdio.h>
int max(int x,int y);
void main()
{
   int(*p)();
   int a,b,c;
   p=max;
   scanf("%d,%d",&a,&b);
   c=(*p)(a,b);
   printf("a=%d,b =%d,max=%d\n",a,b,c);
   getch();
}
int max(int x,int y)
{
    int z;
    if(x>y)  z=x;
    else  z=y;
    return(z);
}
```

应该特别注意的是，函数指针变量和指针型函数这两者在写法和意义上的区别。如 int(*p)()和 int *p()是两个完全不同的量。int(*p)()是一个变量说明，说明 p 是一个指向函数入口的指针变量，该函数的返回值是整型量，(*p)的两边的括号不能少。int *p() 则不是变量说明而是函数说明，说明 p 是一个指针型函数，其返回值是一个指向整型量的指针，*p 两边没有括号。作为函数说明，在括号内最好写入形式参数，这样便于与变量说明区别。 对于指针型函数定义，int *p()只是函数头部分，一般还应该有函数体部分。

案例分析与实现

1. 案例分析

从 1 到 3 报数，也就是报到的数只要是 3 的倍数就行，从而将 1 到 3 的报数转化为累加的模式，只要累加得到的数是 3 的倍数，此人即退出。关于退出问题，我们可以用 0 或者非 0 进行表式，用一个数组表式人数，刚开始数组值全部为 1，碰到所报之数是 3 的倍数的，则将该数变为 0，然后如此无限循环，知道只剩下一个人为止，即数组中只有一个 1。

2. 案例实现过程

```c
#include "stdio.h"
#include "conio.h"
#define nmax 50
main()
{
  int i,k,m,n,num[nmax],*p;
  printf("please input the total of numbers:");
  scanf("%d",&n);
  p=num;
  for(i=0;i<n;i++)
    *(p+i)=i+1;
  i=0;
  k=0;
  m=0;
  while(m<n-1)
  {
    if(*(p+i)!=0) k++;
    if(k==3)
    {
      *(p+i)=0;
      k=0;
      m++;
    }
    i++;
    if(i==n) i=0;
  }
  while(*p==0) p++;
  printf("%d is left\n",*p);
  getch();
}
```

3. 案例执行结果

程序运行结果如图 8-5 所示。

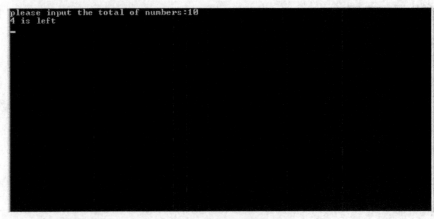

图 8-5　案例执行结果

 情境小结

本章介绍了 C 语言中一个很重要的概念——指针。

1. 指针是 C 语言中一个重要的组成部分，使用指针编程有以下优点：

（1）提高程序的编译效率和执行速度。

（2）通过指针可使用主调函数和被调函数之间共享变量或数据结构，便于实现双向数据通信。

（3）可以实现动态的存储分配。

（4）便于表示各种数据结构，编写高质量的程序。

2. 指针的运算

（1）取地址运算符&：求变量的地址。

（2）取内容运算符*：表示指针所指的变量。

（3）赋值运算：把变量地址赋予指针变量；同类型指针变量相互赋值；把数组，字符串的首地址赋予指针变量；把函数入口地址赋予指针变量。

（4）加减运算：对指向数组，字符串的指针变量可以进行加减运算，如 p+n，p-n，p++，p-- 等。对指向同一数组的两个指针变量可以相减。对指向其他类型的指针变量作加减运算是无意义的。

（5）关系运算：指向同一数组的两个指针变量之间可以进行大于、小于、 等于比较运算。指针可与 0 比较，p==0 表示 p 为空指针。

3. 与指针有关的各种说明如下：

int *p;　　　　p 为指向整型量的指针变量。

int *p[n];　　　p 为指针数组，由 n 个指向整型量的指针元素组成。

int (*p)[n];　　p 为指向整型二维数组的指针变量，二维数组的列数为 n。

int *p();　　　p 为返回指针值的函数，该指针指向整型量。

int (*p)() ;　　p 为指向函数的指针，该函数返回整型量。

int **p ;　　　p 为一个指向另一指针的指针变量，该指针指向一个整型量。

4. 有关指针的说明很多是由指针、数组、函数说明组合而成的。但并不是可以任意组合，例如数组不能由函数组成，即数组元素不能是一个函数；函数也不能返回一个数组或返回另一个函数。例如：

```
int a[5]();
```
就是错误的。

5. 关于括号。

在解释组合说明符时，标识符右边的方括号和圆括号优先于标识符左边的"*"号，而方括号和圆括号以相同的优先级从左到右结合。但可以用圆括号改变约定的结合顺序。

6. 阅读组合说明符的规则是"从里向外"。

从标识符开始，先看它右边有无方括号或圆括号，如有则先作出解释，再看左边有无*号。 如果在任何时候遇到了闭括号，则在继续之前必须用相同的规则处理括号内的内容。例如：

```
int*(*(*a)())[10]
```
因此 a 是一个函数指针变量，该函数返回的一个指针值又指向一个指针数组，该指针数组的元素指向整型量。

指针的概念比较复杂，使用也比较灵活，因此初学时常会出错，请读者在学习本情境内容时要多思考、多比较、多上机，在实践中掌握它。

习 题

一、选择题

1. 变量的指针，其含义是指该变量的（　　　）。

A. 值　　　　　　　　　　　B. 地址

C. 名　　　　　　　　　　　D. 一个标志

2. 若有语句 int *point,a=4;和 point=&a，下面均代表地址的一组选项是（　　　）。

A. a,point,*&a　　　　　　　B. &*a,&a,*point

C. *&point,*point,&a　　　　D. &a,&*point ,point

3. 若有说明：int *p,m=5,n;以下正确的程序段的是（　　　）。

A. p=&n;　　　　　　　　　　B. p=&n;
   scanf("%d",&p);　　　　　　　scanf("%d",*p);

C . scanf("%d",&n);　　　　　D. p=&n;
   *p=n;　　　　　　　　　　　*p=m;

4. 以下程序中调用 scanf 函数给变量 a 输入数值的方法是错误的，其错误原因是（　　　）。

```
main()
{
  int *p,*q,a,b;
  p=&a;
  printf( "input a:");
  scanf( "%d",*p);
  …
}
```
A. *p 表示的是指针变量 p 的地址　　B. *p 表示的是变量 a 的值，而不是变量 a 的地址

C. *p 表示的是指针变量 p 的值　　　D. *p 只能用来说明 p 是一个指针变量

5. 已有变量定义和函数调用语句：int a=25; print_value(&a);，下面函数的正确输出结果是（　　）。

```
void print_value(int *x) {   printf("%d\n",++*x);}
```

A. 23　　　　　　B. 24　　　　　　C. 25　　　　　　D. 26

二、程序题

1. 定义 3 个整数及整数指针，仅用指针方法按由小到大的顺序输出。

2. 输入 10 个整数，将其中最小的数与第一个数对换，把最大的数与最后一个数对换。写三个函数：①输入 10 个数；②进行处理；③输出 10 个数。所有函数的参数均用指针。

3. 编写一个求字符串的函数（参数用指针），在主函数中输入字符串，并输出其长度。

4. 编写一个函数（参数用指针）将一个 3×3 矩阵转置。

情境九 | 结构体、共用体

到目前为止，前面已介绍了基本类型（如整型、实型、字符型等）的数据，也介绍了一种构造类型的数据——数组，数组中的各元素是属于同一个类型的。但在实际问题中，光有这些数据类型是不够的，如果出现数据类型不同的若干数据，用单个数组无法将它们放在一起。例如：在学生的基本情况登记表中，姓名应为字符型，学号应为整型或字符型，年龄应为整型，性别应为字符型，成绩可为整型或实型，显然不能用一个数组来存放上述不同类型的数据。为了将不同类型的数据组合成一个整体，C 语言提供了另一种构造类型的数据——结构体。它可以将某些有相互联系的不同类型的数据存放在一起。

对于 C 语言已有定义的数据类型（比如：int），说明具有这样种类的变量（比如：int x=3, y; ），然后在程序里就可以使用这些变量（比如：y=x; ）。但对于用户自定义的数据类型来说，由于它还没有定义，根本不存在，所以要使用它，必须要分三步："定义→说明→使用"，即：第一步先给出这种数据类型的定义，第二步说明具有这种数据的变量，第三步在程序中进行。

C 语言向用户提供了三种自定义数据类型的方式：结构型、共享型、枚举型。自定义一种数据类型，先是要给出这种数据类型的定义，再是说明具有这种数据类型的变量，第三步才谈得上在程序中使用。

学习目标

- 结构型数据类型的定义、变量说明和使用。
- 指向结构型数据类型的指针。
- 共用体类型的定义、变量的引用方式。
- 枚举型数据类型的定义、变量说明和使用。

📖 案例描述

在屏幕上模拟显示一个数字式时钟。

9.1 结 构 类 型

9.1.1 结构体类型的形式

结构体类型的一般形式为：

```
struct 结构体名
    { 数据类型  成员名1;
      数据类型  成员名2;
```

```
    ...
    数据类型    成员名 n;
    };
```

其中 struct 是关键字，作为定义结构体类型的标志；结构体名，由用户自行定义；花括号内是结构体的成员说明表，用来说明该结构体有哪些成员及它们的数据类型，成员名的命名应符合标识符的书写规定。

例如：

```
struct student
{
    int num;
    char name[20];
    char sex;
    float score;
};
```

在这个结构体定义中，结构体名为 student，该结构由 4 个成员组成。第 1 个成员为 num，整型变量；第 2 个成员为 name，字符数组；第 3 个成员为 sex，字符变量；第 4 个成员为 score，实型变量。应注意在括号后的分号是不可少的。结构定义之后，即可进行变量说明。凡声明为结构体 student 的变量都由上述 4 个成员组成。由此可见，结构体是一种复杂的数据类型，是数目固定，类型不同的若干有序变量的集合。

9.1.2　结构体变量的定义

结构变量有以下三种方法。以上面定义的stu为例来加以说明。

（1）先定义结构，再说明结构变量。

例如：

```
struct stu
{
    int num;
    char name[20];
    char sex;
    float score;
};
struct stu stu1,stu2;                    /*定义了结构体类型 stu 的结构体变量 stu1 和 stu2*/
```

也可以用宏定义使一个符号常量来表示一个结构类型。

例如：

```
#define STU struct stu
STU
{
    int num;
    char name[20];
    char sex;
    float score;
```

```
};
STU stu1,stu2;
```

这种形式的一般形式为:

```
struct 结构体名
{
    成员表列;
};
struct 结构体名 结构体变量名表
```

在这种形式中,struct 结构体名作为一种已定义的数据类型,其定义变量的格式与基本数据类型完全一致。

基本数据类型: 数据类型名 变量名表;
结构体类型: struct 结构体名 结构体变量名表;

其中,struct 结构体名=已定义数据类型名。

(2)在定义结构类型的同时说明结构变量。

例如:

```
struct stu
{
    int num;
    char name[20];
    char sex;
    float score;
}stu1,stu2;      /*定义结构体类型 stu 的同时定义了结构体变量 stu1 和 stu2*/
```

这种形式的一般形式为:

```
struct 结构名
{
    成员表列;
}结构体变量名表列;
```

(3)直接定义结构体类型变量。

例如:

```
struct
{
    int num;
    char name[20];
    char sex;
    float score;
}stu1,stu2;      /*定义结构体类型的同时定义了结构体变量 stu1 和 stu2*/
```

这种形式的一般形式为:

```
struct
{
    成员表列;
}变量名表列;
```

第三种方法与第二种方法的区别在于第三种方法中省去了结构体名，而直接给出结构变量。三种方法中说明的stu1，stu2变量都具有如图9-1所示的结构。

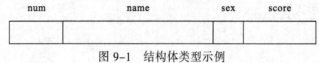

图 9-1　结构体类型示例

说明了 stu1,stu2 变量为 stu 类型后，即可向这两个变量中的各个成员赋值。在上述 stu 结构定义中，所有的成员都是基本数据类型或数组类型。

成员也可以又是一个结构，即构成了嵌套的结构。图 9-2 给出了另一个数据结构。

num	name	sex	birthday			score
			month	day	year	

图 9-2　结构体类型的嵌套结构

按图 9-2 可给出以下结构定义：

```
struct date
{
  int month;
  int day;
  int year;
};
struct{
  int num;
  char name[20];
  char sex;
  struct date birthday;
  float score;
}stu1,stu2;
```

首先定义一个结构 date，由 month（月）、day（日）、year（年）三个成员组成。在定义并说明变量 stu1 和 stu2 时，其中的成员 birthday 被说明为 date 结构类型。成员名可与程序中其他变量同名，互不干扰。

9.1.3　结构体变量的引用

在程序中使用结构变量时，往往不把它作为一个整体来使用。在 ANSI C 中除了允许具有相同类型的结构变量相互赋值以外，一般对结构变量的使用，包括赋值、输入、输出、运算等都是通过结构变量的成员来实现的。

表示结构变量成员的一般形式为：

结构变量名.成员名

例如：

stu1.num　　即第一个人的学号

stu2.sex　　即第二个人的性别

如果成员本身又是一个结构则必须逐级找到最低级的成员才能使用。例如：

stu1.birthday.month 即第一个人出生的月份成员可以在程序中单独使用，与普通变量完全相同。

引用结构体变量应遵循以下规则：

（1）不能将一个结构体变量作为一个整体变量进行输入/输出，只能对结构体变量中的各个成员分别进行输入/输出。例如，前面已定义了 stu1 和 stu2 为结构体变量并且它们也已有了初值。不能这样引用：

```
printf("%s,%s,%c,%d,%f,%s\n",stu1);
```

（2）如果某个结构体类型的变量成员的数据类型又是一个结构体类型，则只能对最低级的成员进行赋值、输入/输出以及运算。外层结构体类型的变量成员是不能单独引用的。这种嵌套的结构体变量成员的引用方法是逐级找到最低级的成员才能使用。例如，对具有两层的结构体变量名的引用为：

外层结构体类型变量名. 外层成员名. 内层成员名

如上节已定义过的结构体变量 stu1，可以这样访问各成员：

```
stu1.num
stu1.birthday.month
```

（3）结构体变量的成员可以像普通变量一样进行各种运算（参与运算时注意其类型）。

如：
```
    stu1.score=stu2.score+10;
    sum=stu1.score+stu2.score;
    stu1.age++;
    ++stu2.age;
```

（4）可以引用结构体变量成员的地址，其引用格式为：

&结构体变量名. 成员名

例如：

```
scanf("%d",&stu1.num);   /*(输入 stu1.num 的值)*/
```

（5）可以引用结构体变量的地址。结构体变量的地址主要用于作函数的参数，传递结构体的地址。

结构体变量的地址的引用格式为：

&结构体变量名

例如：

```
printf("%x",&stu1);        /*(输出 student1 的首地址)*/
```

【例 9.1】在键盘上输入一个学生的信息（包含学号、姓名、三门课的成绩）并在显示器上输出。

程序如下：

```
#include "stdio.h"
main()
{
struct
{
    char id[6],name[10];
    int m1,m2,m3;
```

```
    float avg;
  }x;
  printf("请输入学生的信息\n");
  scanf("%s%s%5d%5d%5d",x.id,x.name,&x.m1,&x.m2,&x.m3);
  printf("学生的信息为:\n");
  printf("%s\t%s\t%5d%5d%5d\n",x.id,x.name,x.m1,x.m2,x.m3);
  getch();
}
```

【例 9.2】输入两个学生的学号、姓名和成绩，输出成绩较高学生的学号、姓名和成绩。

分析：

（1）定义两个结构相同的结构体变量 student1 和 student2。

（2）分别输入两个学生的学号、姓名和成绩。

（3）比较两个学生的成绩，如果学生 1 的成绩高于学生 2，就输出学生 1 的全部信息，如果学生 2 的成绩高于学生 1，就输出学生 2 的全部信息。如果二者相等，输出两个学生的全部信息。

程序如下：

```
#include "stdio.h"
void main()
{
  struct student
  { int num;
    char name[20];
    float score;
  }student1,student2;
  scanf("%d%s%f",&student1.num,student1.name, &student1.score);
  scanf("%d%s%f",&student2.num,student2.name, &student2.score);
  printf("The higher score is:\n");
  if(student1.score>student2.score)
    printf("%d %s %6.2f\n",student1.num,student1.name,student1.score);
  else if (student1.score<student2.score)
    printf("%d %s %6.2f\n",student2.num,student2.name,student2.score);
  else
  { printf("%d %s %6.2f\n",student1.num,student1.name,student1.score);
    printf("%d %s %6.2f\n",student2.num,student2.name,student2.score);
  }
  getch();
}
```

9.1.4 结构体变量的初始化

和其他类型变量一样，对结构变量可以在定义时进行初始化赋值。

【例 9.3】将例 9.1 的结构体变量进行初始化。

程序如下：

```
#include "stdio.h"
main()
```

```
{
    struct
    {
        char id[6],name[10];
        int m1,m2,m3;
        float avg;
    } x={"007","李明",89,78,82};
    printf("%s%s%d%d%d,"x.id,x.name,x.m1,x.m2,x.m3);
    getch();
}
```

输出结果是：

```
007    李明  89   78   82
```

9.1.5　结构体数组的定义

结构体数组是同类型结构体变量的集合，结构体数组在内存中占用一片连续的存储单元。结构体数组的定义与定义结构体变量相类似，只需说明其为数组即可以，在此不在赘述。

定义结构体数组一般形式是：

```
struct 结构体名
    {成员表列} 数组名[数组长度];
```

先声明一个结构体类型，然后再用此类型定义结构体数组：

```
    结构体类型  数组名[数组长度];
```

如：

```
struct person  student[3];
```

【例 9.4】定义一个结构体数组变量 student[3]，每个元素包含两个成员：学号、成绩。

方法一：先定义结构体类型标识符，然后用该标识符定义数组。

```
struct  struct_name
{
    int  num;
    float  score;
};
struct  struct_name std[3];
```

方法二：直接定义结构体数组。

```
struct
{
    int num;
    float  score;
} std[3];
```

方法三：在定义结构体类型标识符的同时定义数组。

```
struct struct_name
{
    int  num;
    float score;
```

```
} std[3];
```

【例 9.5】设李明、王二和赵云三个同学某学年考了 8 门课，现在要求分别统计出这三名同学该学年的总成绩，并按 8 门课总成绩的高低排序输出。

程序如下：

```
#include <stdio.h>
{
main()
    struct    str_name              /* 定义结构体类型 */
    {  char name[8];                /* 姓名 */
       float score;                 /* 8 门课总成绩 */
    }temp, std[]={{"li ming",0},{"wang er",0},{"zhao yun",0}};
    int  i, j;
    float  x;
    for(i=1; i<=8;i++)
    { printf("\n 输入第%d 门课的成绩:\n", i);
      for(j=0;j<3;j++)
      {
          printf("姓名:%s  成绩为:", std[j].name);
          scanf("%f", &x);
          std[j].score=std[j].score +x;
      }
     }


      for(i=0;i<2;i++)
        for(j=i+1; j<3; j++)
          if(std[i].score<std[j].score)
          {
              temp=std[j];
              std[j]=std[i];
              std[i]=temp;
          }
          /* 输出结果 */
      for(i=0; i<3; i++)
        printf("\n 姓名:%s 总成绩:%6.1f",std[i].name,std[i].score);
      getch();
}
```

【例 9.6】建立同学通讯录。

程序如下：

```
#include"stdio.h"
#define NUM 3
struct mem
{
  char name[20]; char phone[10];
```

```
};
main()
{
  struct mem man[NUM];
  int i;
  for(i=0;i<NUM;i++)
  {
    printf("input name:\n");
    gets(man[i].name);
    printf("input phone:\n");
    gets(man[i].phone);
  }
  printf("name\t\t\tphone\n\n");
  for(i=0;i<NUM;i++)
    printf("%s\t\t\t%s\n",man[i].name,man[i].phone);
  getch();
}
```

程序分析：本程序中定义了一个结构 mem，它有两个成员 name 和 phone 用来表示姓名和电话号码。在主函数中定义 man 为具有 mem 类型的结构数组。在 for 语句中，用 gets()函数分别输入各个元素中两个成员的值。然后又在 for 语句中用 printf 语句输出各元素中两个成员值。

【例 9.7】在键盘中读入班上一个组的五名学生的相关数据，每个学生的数据包括学号、姓名、三门课程的成绩，自动计算三门课的平均分，并将 5 个学生的数据在屏幕上输出。

分析：要完成学生数据的制作，可以用前面的数组解决，但是用结构体数组会更方便、更科学。所以在本情境中将用结构体数组进行操作。具体步骤是：首先进行学生信息的输入/输出，其次是三门课程名及成绩的输入，最后是计算每个同学的三门课的平均分。

程序如下：

```
#include "stdio.h"
struct student
{
  char id[10];
  char name[8];
  int score[3];
  double avg;
}stu[5];
void main()
{
  int num=5,i,j,sum=0;
  system("graftabl 936");    /*解决中文乱码问题*/
  clrscr();                   /*解决中文乱码问题*/
  for(i=0;i<num;i++)
  {
    printf("\t 请输入第%d 学生的数据",i+1);
    printf("\t 学号: ");
```

```
        scanf("%s",stu[i].id);
        printf("\t 姓名: ");
        scanf("%s",stu[i].name);
        for(j=0;j<3;j++)
        {
          printf("\t 第%d 门课的成绩:",j+1);
          scanf("%d",&stu[i].score[j]);
          sum+=stu[i].score[j];
        }
        stu[i].avg=(double)sum/3.0;
      }
      printf("\n\t 学号\t 姓名\t 成绩 1\t 成绩 2\t 成绩 3\t 平均分\n");
      for(i=0;i<num;i++)
      {
        printf("\t%s\t%s",stu[i].id,stu[i].name);
        for(j=0;j<3;j++)
          printf("\t%d",stu[i].score[j]);
        printf("\t%f\n",stu[i].avg);
      }
      getch();
    }
```

【例 9.8】 某公司有 5 个职员，包括职员工号、姓名、性别和工资，编程要求如下：

① 以工资的高低进行排序并输出。

② 输出工资最高和最低的员工姓名。

③ 以下表为原始数据，进行调试运行，记录其结果。

分析：本题首先是定义一个结构体数组，然后给这些结构体数组进行赋值；接下来是对每个结构体数组中成员的工资进行互相比较，以达到排序的目的，最后是输出排序后的职工序列表，至于最高工资的记录就是排序的第一条，最低工资的记录是排序的最后一条。

具体步骤为：

① 定义一个结构体类型：

```
struct zg
{char num[10],name[10],sex[4];
int salary;}
```

② 因为有 5 个员工，所以应定义一个结构体数组：struct zg zg1[5]。

③ 赋初值。

④ 先输出原始数据。

⑤ 对每个职工的工资进行排序。

⑥ 输出排序后的职工序列表。

⑦ 输出排序的第一条记录和最后一条记录。

程序如下：

```
#include "stdio.h"
```

```
struct zg
{
  char num[10],name[10],sex[4];
  int salary;
}
main()
{
  struct zg zg1[5]={{"001","张三","男",3200},{"002","李伟","男",4300},
  {"003","方琼","女",5200},{"004","刘岩松","男",9800},
  {"005","洪磊","男",12000}},t;
   int i,j;
   printf("排序前的职工序列表为:\n");
   for(i=0;i<5;i++)
     printf("%s\t%s\t%s\t%d\n",zg1[i].num,zg1[i].name,zg1[i].sex,zg1[i].salary);
   for(i=0;i<4;i++)
     for(j=i+1;j<5;j++)
       if(zg1[i].salary<zg1[j].salary){t=zg1[i];zg1[i]=zg1[j];zg1[j]=t;}
           printf("排序后的职工序列表为:\n");
   for(i=0;i<5;i++)
     printf("%s\t%s\t%s\t%d\n",zg1[i].num,zg1[i].name,zg1[i].sex,zg1[i].salary);
   printf("最高工资的记录为:\n");
   printf("%s\t%s\t%s\t%d\n",zg1[0].num,zg1[0].name,zg1[0].sex,zg1[0].salary);
   printf("最低工资的记录为:\n");
   printf("%s\t%s\t%s\t%d\n",zg1[4].num,zg1[4].name,zg1[4].sex,zg1[4].salary);
   getch();
}
```

9.1.6 结构体与函数

可以将一个结构体变量的值传递给另一个函数，在函数间传递结构体型的数据和传递其他类型数据的方法完全相同，可以使用全局外部变量、返回值、形式参数与实际参数结合方式（参数传递方式又分为值传递和地址传递两种）。

将一个结构体变量的值传给另一个函数的具体用法如下：

（1）使用返回值方式传递结构体数据。

函数的返回值必须是某种已定义过的结构体指针（即指向结构体变量的指针），利用"return(表达式);"语句返回的表达式值也必须是同种结构体型的指针，该指针指向的数据则是同一种结构体型的数据；而接受返回值的变量也必须是这种结构体型的指针变量。

（2）使用形式参数和实际参数结合方式传递结构体型数据。

要注意是单向的值传递还是双向的地址传递。使用单向的值传递方式，通常形式参数要说明成某种结构体型，而对应的实际参数必须是同一种结构体型。如果使用双向的地址传递方式，要区分不同的情况，如果形式参数被说明成某种结构体型的指针变量，则实际参数必须是同一种结构体型的变量地址、数组名或已赋值的指针变量等；如果形式参数是某种结构体型数组，则对应的实际参数必须是同一种结构体型的数组或指针变量。

用结构体变量的成员作参数。例如，用 stu1.num 或 stu1.name 作函数的实参，将实参值传给形参。其用法和普通变量作实参的用法一样，属于"值传递"方式。只是要注意实参和形参的类型保持一致。

用结构体变量作实参。采用的是"值传递"的方式，将结构体变量所占的内存单元的内容全部顺序传递给形参。形参也必须是同类型的结构体变量。在函数的调用期间形参也要占用内存单元。此外由于采用的是值传递方式，如果在调用过程中改变了形参的值，则该值不能返回主调函数，这是很不方便的。因此这种方法一般很少用。

【例 9.9】用结构体变量作函数参数。

程序如下：

```
#include <stdio.h>
#include <string.h>
struct student
{ char num[7];
  char name[20];
  char sex;
  float score[3];
};
void print(struct student x)
{ printf("学号: %s\n 姓名: %s\n 性别:%c\n",x.num,x.name,x.sex);
  printf("成绩 1: %f\n",x.score[0]);
  printf("成绩 2: %f\n",x.score[1]);
  printf("成绩 3: %f\n",x.score[2]);
}
main()
{
  void print(struct student);
  struct student x;
  strcpy(x.num,"007");
  strcpy(x.name,"张三");
  x.sex= 'F';
  x.score[0]=90;
  x.score[1]=69;
  x.score[2]=86;
  print(x);
  getch();
}
```

运行结果：

```
学号: 007
姓名: 张三
性别: F
成绩 1:90.000000
成绩 2:69.000000
成绩 3:86.000000
```

9.1.7 结构体变量的指针

一个结构体变量的指针就是该变量所占据的内存段的起始地址。可以设一个指针变量，用来指向一个结构体变量，此时该指针变量的值是结构体变量的起始地址。指针变量也可以用来指向结构体数组中的元素。

结构指针变量说明的一般形式为：

```
struct 结构名 *结构指针变量名
```

例如，某一结构类型 struct student，并作如下说明：

```
struct student nhf ={10111, "zeng jing yi", 'f',5};
struct student *ptr=&nhf
```

那么，指针变量 ptr 就指向变量 nhf 了。

在介绍指针变量时就知道，当一个指针 p 指向一个变量 x 时，*p 与 x 是等价的。因此，原来对结构变量成员的引用是：

```
nhf.num  nhf.name  nhf.sex  nhf.age
```

现在借助于指针变量，就可以写成：

```
(*ptr).num  (*ptr).name  (*ptr).sex  (*ptr).age
```

在 C 语言里，还有一种借助于指针变量来访问结构变量成员的方法，即用指向成员运算符"->"。一般格式为：

```
指针变量名->结构成员名
```

例如，利用指向成员运算符，上面的写法可以改写为：

```
ptr->num  ptr->name  ptr->sex  ptr->age
```

注意：指向成员运算符"->"是由连字符"-"和大于号">"组合而成的一个字符序列，它必须连在一起使用，中间不能有空格。

这样一来，访问结构变量成员的 3 种等价形式：

（1）直接利用结构变量名。格式为：

```
结构变量名.成员名
```

（2）利用指向结构变量的指针和指针运算符"*"。格式为：

```
(*指针变量名).成员名
```

（3）利用指向结构变量的指针和指向成员运算符"->"。格式为：

```
指针变量名->成员名
```

【例 9.10】编写一个程序，定义上述 struct student 结构类型。接收一个学生信息，然后分别打印输出。

程序如下：

```c
#include "stdio.h"
struct student
{
  int num;
  char *name;
  char sex;
  int age;
};
```

```
main()
{
    struct student st , *p=&st;
    printf ("number? ");
    scanf("%d",&st.num);
    printf("name?");
    scanf("%s",st.name);
    printf("sex?");
    getchar();
    scanf("%c",&st.sex);
    printf("age?");
    scanf("%d",st.age);
    printf("the student information is:");
    printf("%d %s %c %d\n", p->num , p->name, p->sex , p->age);
    getch();
}
```

【例 9.11】将例 9.5 统计三名同学成绩并排序的程序，修改为用指针来完成。
程序如下：

```
#include "stdio.h"
main()
{   struct  struct_name
    {  char   name[8];
       float   score;
    } std[]={{"li ming",0}, {"wang er",0},{"zhao yun",0}};
    struct struct_name  temp, *p, *p1;
    /*temp 为排序时用到的临时变量*/
    /* p 和 p1 是指向结构体类型的指针变量*/
    int  i, j;
    float  x;
    for( i=1;  i<=8;  i++)
    {   printf("\n 输入第%d 门课的成绩:\n", i);
        p=std;
        for(j=0;  j<3;  j++)
        { printf("姓名:%s  成绩:", p->name);
          scanf("%f",  &x);
          p->score=p->score+x;
          p++;}
    }

    p1=std;
    for(i=0;i<2;i++)
    { p=p1;
      for(j=i+1;j<3;j++)
      { if( p1->score<p->score)
```

```
        {   temp=*p; *p=*p1; *p1=temp;}
        p++;
      }
    p1++; }
/* 输出排序结果 */
  p=std;
  for(i=0; i<3; i++)
  {  printf("\n 姓名:%s  总成绩:%6.1f",p->name, p->score);
     p++;
  }
  getch();
}
```

9.1.8 类型定义符 Typedef

C语言不仅提供了丰富的数据类型，而且还允许由用户自己定义类型说明符，也就是说允许由用户为数据类型取"别名"。类型定义符 typedef 即可用来完成此功能。例如，有整型变量 a，b，其说明如下：

```
int a,b;
```

其中，int 是整型变量的类型说明符。int 的完整写法为 integer，为了增加程序的可读性，可把整型说明符用 typedef 定义为：

```
typedef int INTEGER
```

这以后就可用 INTEGER 来代替 int 作整型变量的类型说明。 例如：

```
INTEGER a,b;
```

它等效于：

```
int a,b;
```

用 typedef 定义数组、指针、结构等类型将带来很大的方便，不仅使程序书写简单而且使意义更为明确，因而增强了可读性。

例如：

```
typedef char NAME[20];
```

表示 NAME 是字符数组类型，数组长度为 20。然后可用 NAME 说明变量，如：

```
NAME a1,a2,s1,s2;
```

完全等效于：

```
char a1[20],a2[20],s1[20],s2[20]
```

又如：

```
typedef struct stu
{ char name[20]; int age;
  char sex;
} STU;
```

定义 STU 表示 stu 的结构类型，然后可用 STU 来说明结构变量： STU body1,body2;

typedef 定义的一般形式为：

```
typedef 原类型名  新类型名
```

　　其中，原类型名中含有定义部分，新类型名一般用大写表示，以便于区别。有时也可用宏定义来代替 typedef 的功能，但是宏定义是由预处理完成的，而 typedef 则是在编译时完成的，后者更为灵活方便。

9.2　共　用　体

9.2.1　共用体的形式

　　共用体定义的一般形式如下：

```
union 共用体名
{
    数据类型 1        成员名 1
    数据类型 2        成员名 2;
       ⋮                ⋮
    数据类型 n        成员名 n;
};
```

　　其中：

　　（1）共用体名是用户自己取的标识符。

　　（2）数据类型可以是基本数据类型，也可以是已定义过的结构体、共用体等其他数据类型。

　　（3）成员名是用户自己取的标识符，用来标识所包含的成员名称。

　　例如：

```
union data
{
    int i;
    char c;
    float f;
};
```

　　以上的共用体定义语句定义了一个名为"data"的共用体，该共用体中含有 3 个成员，每个成员都有确定的数据类型和名称，它们公用一段内存单元。

　　使用共用体编写程序时应当注意以下几点：

　　（1）右花括号后面的分号";"不能少，它是共用体定义语句的结束标志。

　　（2）共用体中的每个成员所占的内存单元都是连续的，而且都是从分配的连续内存单元的第一个内存单元开始存放。因此，一个共用体数据的所有成员的首地址都是相同的。

　　（3）共用体所占的内存单元等于最长的成员的长度，这一点和结构体是不同的。结构体所占的内存单元是各成员所占的内存长度之和，每个成员分别占有自己的内存单元。

9.2.2　共用体变量的定义

　　在定义了某个共用体类型后，就可以使用它来定义相应的变量、数组和指针等。共用体变量的定义方法和结构体相同，也有三种方法：一是先定义共用体，再定义共用体类型的变量；二是定义的同时定义共用体和变量；三是定义无名共用体的同时定义变量。

　　例如：

```
union data
```

```
{
    int i;
    char c;
    float f;
};
 union data a,b,c;
```

或是：

```
union data
{ int i;
    char c;
    float f;
}a,b,c;
```

或是：

```
union
{
    int i;
    char c;
    float f;
}a,b,c;
```

"共用体"与"结构体"的定义形式相似，但它们的含义是不同的。结构体变量所占内存长度是各成员占的内存长度之和，每个成员分别占有其自己的内存单元。而共用体变量所占的内存长度等于最长的成员的长度。

只有先定义了共用体变量才能引用它，但应注意，不能引用共用体变量，而只能引用共用体变量中的成员。

9.2.3 共用体变量的引用

共用体变量成员引用的一般格式如下：

共用体变量名.成员名

其中的"."和结构体中的成员运算符"."相同。

如已定义了 a，b，c 为共用体变量，则在程序中可以这样引用：

```
a.i=12;
scanf("%c\n",&a.c);
printf("%f\n",a.f);
```

共用体成员的地址也可以引用，其引用格式为：

&共用体变量名.成员名

注意，如果用指针变量来存放共用体成员变量的地址，则该指针变量的类型必须和该共用体成员的类型一致。

共用体变量的地址也可引用，其引用格式为：

&共用体变量名

　　注意，如果用指针变量来存放该共用体变量的地址，则该指针变量的类型也必须和该共用体变量一样是同一种共用体类型。

【例 9.12】阅读下列程序，分析和了解共用体变量成员的取值情况。

```c
#include <stdio.h>
union memb
{
    double v;
    int n;
    char c;
};
main()
{
    union memb tag;
    tag.n=18;
    tag.c='T';
    tag.v=36.7;
    printf("tag.v=%6.2f\ntag.n=%4d\ntag.c=%c\n",tag.v,tag.n,tag.c);
    getch();
}
```

程序运行结果：

```
tag.v=36.70
tag.n=-26214
tag.c=T
```

【例 9.13】通过定义指向共用体变量的指针来引用共用体变量的值。

```c
#include <stdio.h>
union example
{ int a;
    long b;
    char ch;
}u1,*p;
main( )
{
    p=&u1;
    u1.a=100;
    printf("(*p).a=%d\n", (*p).a);
    p->ch='B';
    printf("p->ch=%c", p->ch);
    getch();
}
```

程序运行结果：

```
(*p).a=100
p->ch=B
```

【例9.14】设有若干个人员的数据，其中有学生和教师。学生的数据中包括：姓名、号码、性别、职业、班级。教师的数据中包括：姓名、号码、性别、职业、职务。要求：当输入人员的数据时能打印出他们的资料，并把资料放在同一表格中。

为简化程序，这里只给出两个人员的数据，假设两人的数据如表9-1所示。

表9-1　学生/教师信息表

学生/教师信息表				
编号	姓名	性别	职业	班级 / 职务
001	张飞	M（男）	S（学生）	软件1班
002	李燕	F（女）	T（教师）	教授

其中："sex"项中，"F"表示"女"，"M"表示"男"；"job"项中，"S"表示"学生"，"T"表示"教师"；第五项中，若前面是学生，则表示"班级"，若是教师，则表示"职务"。

程序如下：

```c
#include "stdio.h"
struct                  /*定义一个无名结构体*/
{ char num[7];
  char name[20];
  char sex;
  char job;
  union                 /*定义一个无名共用体*/
  {
    char clas[10];
    char position[10];
  }pos;                 /*定义一共用体变量pos，它同时又是结构体中的一成员*/
}person[2];             /*定义一外部结构体数组，内含两个数组元素*/
main( )
{
  int n,i;
  for(i=0;i<2;i++)
  {
  scanf("%c%c%s%s",&person[i].sex,&person[i].job,person[i].num,
  person[i].name);
  printf("%c\t%c\t%s\t%s",person[i].sex,person[i].job,person[i].num,
  person[i].name);
  if(person[i].job=='S')
    scanf("%s",person[i].pos.clas);
  else if(person[i].job=='T')
    scanf("%s",person[i].pos.position);
  else printf("input error!");
  }
  printf("编号:    姓名    性别    职业   班级/职务\n");
  for(i=0;i<2;i++)
    {if(person[i].job=='S')
```

```
        printf("%-10s,%-25s,%-6c,%-12s\n",person[i].num,person[i].name,
    person[i].sex,person[i].job,person[i].pos.clas);
      else if(person[i].job=='T')
        printf("%-10s,%-25s,%-6c,%-12s\n",person[i].num,person[i].name,
    person[i].sex,person[i].job,person[i].pos.position);
      }
   getch();
 }
```

9.3　枚　举　类　型

9.3.1　枚举类型的定义

在实际问题中，有些变量的取值被限定在一个有限的范围内。例如，一个星期内只有七天，一年只有十二个月，一个班每周有六门课程等。如果把这些量说明为整型，字符型或其他类型显然是不妥当的。为此，C语言提供了一种称为"枚举"的类型。在"枚举"类型的定义中列举出所有可能的取值，被说明为该"枚举"类型的变量取值不能超过定义的范围。应该说明的是，枚举类型是一种基本数据类型，而不是一种构造类型，因为它不能再分解为任何基本类型。

枚举类型定义的一般形式如下：

enum 枚举类型名

{枚举常量1,枚举常量2,…,枚举常量n};

其中：

（1）枚举类型名是用户命令的标识符。

（2）枚举常量是用户给枚举类型的变量所限定的可能的取值，是常量标识符。

该定义语句定义了一个名为"枚举类型名"的枚举类型，该枚举类型中含有 n 个枚举常量，每个枚举常量均有值，C语言规定枚举常量的值依次为0、1、2、…、n-1。

例如，定义一个表示星期的枚举类型如下：

enum weekday

{sun,mon,tue,wed,thu,fri,sat};

以上定义了一个枚举类型 enum weekday，共有 7 个枚举常量（或称为枚举元素）sun、mon、tue、wed、thu、fri、sat，它们的值依次为0、1、2、3、4、5、6。这 7 个常量是用户定义的标识符并不自动地表示什么含义。如写成"sun"并不能代表"星期天"。用什么标识符代表什么含义，完全由程序员决定，并在程序中作相应的处理。

枚举常量除了 C 编译时自动顺序赋值 0、1、2、3……外，在定义枚举类型时也可以给枚举常量赋值，方法是在枚举常量后跟上"=整型常量"。

如上面的枚举类型定义可写成：

enum weekday{sun=0,mon=1,tue=2,wed=3,thu=4,fri=5,sat=6};

其作用和原来的一样。

也可以这样定义：

enum color{red=2,yellow=4,blue=8,white=9,black=11};

则枚举常量 red 的值为 2，yellow 的值为 4，blue 的值为 8，white 的值为 9，black 的值为 11。

C 语言规定，在给枚举类型常量赋初值时，如果给其中任何一个枚举常量赋初值，则其后的枚举常量将按自然数的规则依次赋初值。

如有下列定义语句：

```
enum weekday{sun,mon,tue=5,wed,thu,fri,sat};
```

则枚举常量的初值如下：

```
sun=0,mon=1,tue=5 ,wed=6,thu=7,fri=8,sat=9
```

注意：枚举常量按常量处理，它们不是变量，不能对其赋值。

例如，语句：sun=0;mon=1;是错误的。

定义了一个枚举类型后，就可以用这种枚举类型来定义变量、数组等。定义的方法有三种：

（1）先定义枚举类型，再定义枚举类型的变量、数组。

如：enum weekday　　/*定义一个枚举类型 weekday*/

```
{sun,mon,tue,wed,thu,fri,sat};
enum weekday  workday,workend;
```

 /*定义了两个 enum weekday 类型的变量 workday、workend*/

（2）定义枚举类型的同时定义枚举型变量、数组。

如定义语句：

```
enum color{red,yellow,blue,white,black}i,j,k;
```

定义了一个表示 5 种颜色的枚举类型，同时指定了 3 个枚举变量 i、j、k。

（3）定义无名枚举类型的同时定义枚举型变量、数组。

如定义语句：

```
enum {red,yellow,blue,white,black}i,j,k;
```

定义了一个表示 5 种颜色的无名枚举类型，同时指定了 3 个枚举变量 i、j、k。

9.3.2　枚举变量的引用

枚举类型的变量或数组元素的引用方法和普通变量或数组元素的引用方法一样。其使用有下列几种情况：

（1）给枚举类型的变量或数组元素赋值，其格式为：

枚举类型变量或数组元素=同一种枚举型的枚举常量名

如有定义语句：

```
enum weekday{sun,mon,tue,wed,thu,fri,sat}workday;
```
的前提下，又有赋值语句：

```
workday=mon;
```

则变量 workday 的值为 1（因枚举常量 mon 的值为 1）。这个整数是可以输出的。例如：

```
printf("%d\n",workday);
```

将输出整数 1。

C 语言规定，枚举常量的值为 0 或自然数。但是一般不能直接将整型常量赋给枚举型变量或数组元素。但可通过强制类型转换来赋值。如语句：workday=2;是不对的。而语句：workday=(enum weekday)2;其用法是正确的。它相当于将顺序号为 2 的枚举常量赋给 workday，即相当于语句：

workday=tue；甚至可以是表达式。例如：

```
workday=(enum weekday)(5-3);
```

（2）用比较运算符对两个枚举类型的变量或数组元素进行比较，也可以将枚举类型的变量或数组元素与枚举常量值进行比较。

例如：

```
if(workday==mon) …
if(workday>sun) …
```

枚举值的比较规则是按其在定义时的值进行比较。

（3）在循环中用枚举变量或数组元素控制循环，例如：

```
enum color
{ red,yellow,blue,white,black}i;
    int j=0;
    for(i=red;i<=black;i++)
    j++;
    printf("j=%d\n",j);
```

则此程序段的结果为：j=5

【例 9.15】使用枚举类型定义一年中的 12 个月，在输入月份数时显示对应月份的天数（为方便起见，这里假设该年不是闰年）。

程序如下：

```
#include "stdio.h"
enum months{Jan=1,Feb,Mar,Apr,May,Jun,Jul,Aug,Sep,Oct,Nov,Dec};
main()
{ enum months month;
  int n;
  printf("请输入月份数: \n");
  scanf("%d",&month);
  switch(month)
  {
  case Jan:    /*1, 3, 5, 7, 8, 10, 12 月都是 31 天*/
  case Mar:
  case May:
  case Jul:
  case Aug:
  case Oct:
  case Dec:n=31;break;
  case Feb:n=28;break;
  case Apr:
  case Jun:
  case Sep:
  case Nov:n=30;break;
  default:printf("输入数据有错\n ");
  }
  printf("月份与天数: \n");
```

```
printf("%d月共有%d天\n",month,n);
    getch();
}
```

【例 9.16】键盘输入 0~6 的任意整数，0 表示星期日，1 到 6 分别表示星期一到星期六，要求写出程序输出对应的英文名称。

分析：如果一个变量只有几种可能的值，则可以定义为枚举类型。可通过 enum weekday{Sunday, Monday, Tuesday, Wednesday, Thursday, Friday, Saturday}方式来定义，然后用选择语句 switch…case…来实现。

程序如下：

```
#include "stdio.h"
main()
{
    int i;
    enum weekday{Sunday, Monday, Tuesday, Wednesday, Thursday,Friday, Saturday} week;
    scanf("%d", &i);
    switch(i)
    { case 0: week=Sunday; break;
      case 1: week=Monday; break;
      case 2: week=Tuesday; break;
      case 3: week=Wednesday; break;
      case 4: week=Thursday; break;
      case 5: week=Friday; break;
      case 6: week=Saturday; break;
    }
    switch(week)
    { case Sunday:printf("Sunday");break;
      case Monday:printf("Monday");break;
      case Tuesday: printf("Tuesday");break;
      case Wednesday:printf("Wednesday");break;
      case Thursday:printf("Thursday");break;
      case Friday: printf("Friday");break;
      case Saturday: printf("Saturday");break;
    }
    getch();
}
```

【例 9.17】口袋中有红、黄、蓝、白、黑 5 种颜色的球若干个。每次从口袋中先后取出 3 个球，问得到 3 种不同颜色的球的可能取法，输出每种排列的情况。

程序分析：设取出球为 i、j、k。它分别是 5 种色球之一，并要求 i≠j≠k。用 n 累计得到不同色球的次数。

用三重循环来实现：外循环使第一个球 i 从 red 变到 black，第二层循环使第二个球 j 从 red 变到 black，若 i 和 j 同色则不可取，只有 i 和 j 不同色（i≠j）时才需要继续找第三个球，此时内循环使第三个球 k 从 red 变到 black，但也要求第三个球既不能和第一个球同色，也不能和第二个球同色，即 k≠i 且 k≠j。如果满足以上条件就输出这种 3 色的组合方案，同时 n 加 1。外循环执行完毕，全部方案也就输出完毕。最后输出总数 n。

程序如下：

```c
#include<stdio.h>
 main()
{
    enum color{red,yellow,blue,white,black};
    int i,j,k,l,p;
/* (enum color i,j,k,p;) 枚举是常量哦,不能进行++操作,如果按教材写,则后面的 i++改
成 i=(enum color)(i+1)    同理: j++改 j=(enum color)(j+1)  k++改成 k=(enum
color)(k+1)(注意,这里用的是color不是Color) */
    int n=0;
    for(i=red;i<=black;i++)
    {
        for(j=red;j<=black;j++)
          if(i!=j)
          {
              for(k=red;k<=black;k++)
                if((k!=i)&&(k!=j))
                {
                    n++;
                    printf("%-4d",n);
                    for(l=1;l<=3;l++)
                    {
                        switch(l)
                        {
                            case 1: p=i;break;
                            case 2: p=j;break;
                            case 3: p=k;break;
                            default: break;
                        }
                        switch(p)
                        {
                            case red: printf("%-10s","red");break;
                            case yellow: printf("%-10s","yellow");break;
                            case blue: printf("%-10s","blue");break;
                            case white: printf("%-10s","white");break;
                            case black: printf("%-10s","black");break;
                            default: break;
                        }
                    }
                    printf("\n");
                }
          }
    }
```

```
    }
    printf("\ntotal:%5d\n",n);
    getch();
}
```

 案例分析与实现

1. 案例分析

按如下方法定义一个时钟结构体类型：

```
struct clock
{
    int hour;
    int minute;
    int second;
};
typedef struct clock CLOCK;
```

然后，将下列用全局变量编写的时钟模拟显示程序改成用 CLOCK 结构体变量类型重新编写。已知用全局变量编写的时钟模拟显示。

2. 案例实现过程

程序代码：

```
#include  <stdio.h>
struct clock
{
    int hour;
    int minute;
    int second;
};
struct clock CLOCK;
void Update(void)
{
    CLOCK.second++;
    if(CLOCK.second==60)      /*若 second 值为 60，表示已过 1 分钟，则 minute 值加 1*/
    {
        CLOCK.second=0;
        CLOCK.minute++;
    }
    if(CLOCK.minute==60)      /*若 minute 值为 60，表示已过 1 小时，则 hour 值加 1*/
    {
        CLOCK.minute=0;
        CLOCK.hour++;
    }
    if(CLOCK.hour==24)     /*若 hour 值为 24，则 hour 的值从 0 开始计时*/
    {
        CLOCK.hour=0;
```

```
    }
}
/*函数功能：时、分、秒时间的显示
   函数参数：无
   函数返回值：无*/
void Display(void)                    /*用回车符'\r'控制时、分、秒显示的位置*/
{
    printf("%2d:%2d:%2d\r", CLOCK.hour, CLOCK.minute, CLOCK.second);
}
/*函数功能：模拟延迟1秒的时间
   函数参数：无
   函数返回值：无*/
void Delay(void)
{
    long  t;
    for(t=0;t<500000000;t++)
    {
                              /*循环体为空语句的循环，起延时作用*/

    }
}
main()
{
    long i;

    CLOCK.hour=CLOCK.minute=CLOCK.second=0;      /*hour,minute,second赋初值0*/
    for(i=0;i<100000;i++)                /*利用循环结构，控制时钟运行的时间*/
    {
        Update();                     /*时钟更新*/
        Display();                    /*时间显示*/
        Delay();                      /*模拟延时1秒*/
    }
}
```

3. 案例执行结果

程序运行结果如图 9-1 所示。

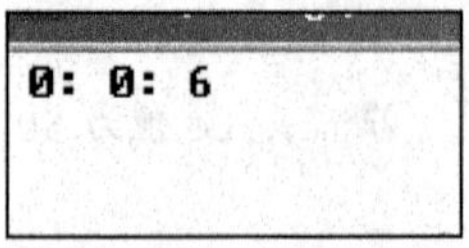

```
 0: 0: 6
```

图 9-1 案例执行结果

情境小结

　　C 语言中的数据类型分为两类：一类是系统已经定义好的标准数据类型（如 int，char，double 等），用户不必自己定义，可以直接去用它们去定义变量；另一类根据需要在一定的框架范围内自已设计的类型，先要向系统作出声明，然后才能用它们定义变量。其中最常用的有结构体类型，此外还有共用体类型和枚举类型。

结构体和共用体是两种构造类型数据，是用户定义新数据类型的重要手段。结构体和共用体有很多的相似之处，它们都由成员组成。成员可以具有不同的数据类型。成员的表示方法相同。都可用三种方式作变量说明。

在结构体中，各成员都占有自己的内存空间，它们是同时存在的。一个结构体类型的变量的总长度等于所有成员长度之和。在共用体中，所有成员不能同时占用它的内存空间，它们不能同时存在。共用体变量的长度等于最长的成员的长度。"."是成员运算符，可用它表示成员项，成员还可用"–>"运算符来表示。

结构体类型的变量可以作为函数参数，函数也可返回指向结构体的指针变量。而共用体变量不能作为函数参数，函数也不能返回指向共用体类型的指针变量。但可以使用指向共用体变量的指针。结构体和共用体的定义允许嵌套，结构体中可以用共用体作为成员，共用体中也可以用结构体作为成员，形成结构体和共用体的嵌套。

枚举类型是由 enum 和枚举名组成，后跟用一对花括号括起来的若干枚举符号，这些枚举符号表示枚举变量的取值范围；枚举变量通常由赋值语句赋值，而不是动态输入赋值。枚举元素虽可由系统或用户定义一个顺序值，但枚举元素和整数并不相同，它们属于不同的类型。因此，也不能用 printf 语句来输出元素值（可输出顺序值）。

习　　题

1. 编写一个程序，利用结构数组，输入 10 个学生档案信息：姓名（name）、数学（math）、物理（physics）、语言（language）。计算每个学生的总成绩，并输出。

2. 有 10 名学生，每个学生的数据包括：学号、姓名、成绩，从键盘输入 10 个学生的数据，输出成绩最高者的姓名和成绩。分别编写函数实现上述功能。用 input()函数输入 10 个学生数据，用 max()函数找出最高分的学生数据，最高分学生数据在主函数中输出。

3. 有一组学生信息，每个学生包含学号、姓名、班级三项信息，其中班级代号为 1~3 三种情况。用数组存储这些学生信息，要求：

（1）将这一组学生信息按学号升序排序（用冒泡法）。

（2）将这一组学生信息按姓名升序排序（用选择法）。

（3）求每班人数，并在函数内部输出。

4. 定义一个结构体变量，存放年、月、日。从键盘输入一个日期，计算并输出该日在该年中是第几天。注意，该年是闰年的情况。

5. 请输入星期几的第一个英文字母来判断一下是星期几，如果第一个字母一样，则继续判断第二个英文字母。

6. 编写一个简单的图书借阅程序。图书信息包含以下数据项：

图书编号、图书名、出版社、出版时间、是否已被借阅。

要求：

（1）自己根据以上信息定义图书的结构体类型 book。

（2）假定该图书馆有图书 5 本（为简化调试，输入 5 本图书信息为例），定义该结构体类型数组，程序运行时先从键盘上输入图书信息，建立该图书信息库。

（3）由用户从键盘上输入所借阅的"图书编号"或"图书名"，程序根据输入信息，查找有无该图书，如果没有则显示"没有该图书"；如果有该书，则查看该书是否已被借阅（最后一个成员值），如果已借阅则反馈信息为"该书已借出，不能借阅"；如果没被借阅，则将该书借出（借阅标志变为'Y'）并显示"借阅成功"。

7. 13 个人围成一圈，从第 1 个人开始顺序报号 1、2、3.凡报到 3 者退出圈子。找出最后留在圈子中的人原来的序号（用链表实现）。

情境十 ‖ 文 件

在程序运行时，程序本身和数据一般都存放在内存中（会随系统断电而丢失），当程序运行结束后，存放在内存中的数据被释放。如果需要长期保存程序运行所需的原始数据或程序运行产生的结果，就必须以文件形式存储到外部存储介质（如磁盘、光盘、硬盘）上。这种永久保存的最小存储单元为文件，因此文件管理是计算机系统中的一个重要的问题。

学习目标

- C 语言能够处理的文件形式。
- C 语言文件的结构类型及其指针。
- 文件的打开和关闭函数。
- 有关文件的读、写函数。
- 有关文件的操作函数。

 案例描述

从键盘中输入一个小组 10 个学生的姓名及数学、英语、语文三门课的成绩，计算每个同学的平均分，然后将此 10 个同学的姓名、三门课的成绩及平均分写入到文本文件 aa.txt 中；再从文件中读取第 2，4，6，8，10 个学生的数据并输出在显示器上。

10.1 文 件 概 述

所谓"文件"是指一组相关数据的有序集合。这个数据集有一个名称，叫做文件名。实际上在前面的各情境中我们已经多次使用了文件，例如源程序文件、目标文件、可执行文件、库文件（头文件）等。文件通常是保存在外部介质（如磁盘等）上的，在使用时才调入到内存中来。

10.1.1 文件分类

从不同的角度可对文件作不同的分类。从用户的角度看，文件可分为普通文件和设备文件两种。

普通文件是指驻留在磁盘或其他外部存储介质上的一个有序数据集，可以是源文件、目标文件、可执行程序；也可以是一组待输入处理的原始数据，或者是一组输出的结果。对于源文件、目标文件、可执行程序可以称作程序文件，对输入、输出数据可称做数据文件。

设备文件是指与主机相连的各种外围设备，如显示器、打印机、键盘等。在操作系统中，把外围设备也看做是一个文件来进行管理，把它们的输入、输出等同于对磁盘文件的读和写。

通常把显示器定义为标准输出文件，一般情况下在屏幕上显示有关信息就是向标准输出文件输出。如前面经常使用的 printf()，putchar()函数就是这类输出。

键盘通常被指定标准的输入文件，从键盘上输入就意味着从标准输入文件上输入数据。scanf()，getchar()函数就属于这类输入。

文件作为信息存储的一个基本单位，根据其存储信息的方式不同，分为文本文件（又名 ASCII 文件）和二进制文件。如果将存储的信息采用字符串方式来保存，那么称此类文件为文本文件。如果将存储的信息严格按其在内存中的存储形式来保存，则称此类文件为二进制文件。

文本文件是一种典型的顺序文件，其文件的逻辑结构又属于流式文件。 特别的是，文本文件是指以 ASCII 码方式（也称文本方式）存储的文件，更确切地说，英文、数字等字符存储的是 ASCII 码，而汉字存储的是机内码。文本文件中除了存储文件有效字符信息（包括能用 ASCII 码字符表示的回车、换行等信息）外，不能存储其他任何信息，因此文本文件不能存储声音、动画、图像、视频等信息。

ASCII 码文件可在屏幕上按字符显示，例如源程序文件就是 ASCII 文件，用 DOS 命令 TYPE 可显示文件的内容。由于是按字符显示，因此能读懂文件内容。 二进制文件是按二进制的编码方式来存放文件的。

例如：考察整数 2008 在内存中的存放，以文本文件及二进制文件形式在磁盘上的存放。

（1）数值 2008 在内存的存储形式：

00000111	11011000

（2）数值 2008 以文本形式在磁盘的存储形式：

'2'	'0'	'0'	'8'
00110010	00110000	00110000	00111000

（3）数值 2008 以二进制形式在磁盘的存储形式：

00000111	11011000

C 系统在处理这些文件时，并不区分类型，都看成是字符流，按字节进行处理。

输入/输出字符流的开始和结束只由程序控制而不受物理符号（如回车符）的控制。 因此也把这种文件称做"流式文件"。

本情境讨论流式文件的打开、关闭、读、写、 定位等各种操作。

10.1.2 文件指针

在 C 语言中用一个指针变量指向一个文件，这个指针称为文件指针。通过文件指针就可对它所指的文件进行各种操作。

定义说明文件指针的一般形式为：

```
FILE *指针变量标识符;
```

其中，FILE 应为大写，它实际上是由系统定义的一个结构，该结构中含有文件名、文件状态 和文件当前位置等信息。在编写源程序时不必关心 FILE 结构的细节。

例如：

```
FILE *fp;
```

表示 fp 是指向 FILE 结构的指针变量，通过 fp 即可找存放某个文件信息的结构变量，然后按结构变量提供的信息找到该文件，实施对文件的操作。习惯上也笼统地把 fp 称为指向一个文件的指针。

所谓打开文件，实际上是建立文件的各种有关信息，并使文件指针指向该文件，以便进行其他操作。关闭文件则断开指针与文件之间的联系，也就禁止再对该文件进行操作。

10.1.3　文件的打开

进行文件处理时，首先要打开一个文件，在 C 语言中，所谓打开文件，实际上是建立文件的各种有关信息，并使文件指针指向该文件，以便进行其他操作。在 C 语言中，文件的打开操作是通过 fopen()函数来实现。

打开文件的函数是 fopen( )，其函数原型：

```
FILE *fopen(char *filename,char *mode)
```

形参 filename 表示被打开文件的文件名，形参 mode 表示文件的打开方式。函数的功能是以形参 mode 表示的打开方式打开形参 filename 表示的文件，返回值是系统分配的缓冲区的首地址。

调用函数 fopen( )的一般形式为：

```
文件指针名=fopen("文件名","访问方式");
```

其中，"文件指针名"必须是被说明为 FILE 类型的指针变量；"文件名"是一个字符串，表示要打开的文件的名字。"访问方式"表示文件的类型和操作要求。

fopen()函数如果成功地打开所指定的文件，则返回指向新打开文件的指针，且假想的文件位置指针指向文件首部；如果未能打开文件，则返回一个空指针。

例如：

```
FILE *fp;
fp=fopen("file a","r");
```

其意义是在当前目录下打开文件 file a，只允许进行"读"操作，并使 fp 指向该文件。

又如：

```
FILE *fphzk fphzk=("d:\\a1","r1")
```

其意义是打开 D 驱动器磁盘的根目录下的文件 a1，这是一个二进制文件，只允许按二进制方式进行读操作。两个反斜线 "\\ " 中的第一个表示转义字符，第二个表示根目录。

使用文件的方式共有 12 种，表 10-1 给出了它们的符号和意义。

表 10-1　文件使用方式

文件使用方式	意　　　　义
"rt"	只读打开一个文本文件，只允许读数据
"wt"	只写打开或建立一个文本文件，只允许写数据
"at"	追加打开一个文本文件，并在文件末尾写数据
"rb"	只读打开一个二进制文件，只允许读数据
"wb"	只写打开或建立一个二进制文件，只允许写数据
"ab"	追加打开一个二进制文件，并在文件末尾写数据

续表

文件使用方式	意　　　义
"rt+"	读/写打开一个文本文件，允许读和写
"wt+"	读/写打开或建立一个文本文件，允许读/写
"at+"	读/写打开一个文本文件，允许读，或在文件末追加数据
"rb+"	读/写打开一个二进制文件，允许读和写
"wb+"	读/写打开或建立一个二进制文件，允许读和写
"ab+"	读/写打开一个二进制文件，允许读，或在文件末追加数据

对于文件使用方式有以下几点说明：

（1）文件使用方式由 r，w，a，t，b，+六个字符拼成，各字符的含义是：

r（read）：　　　读

w（write）：　　写

a（append）：　追加

t（text）：　　　文本文件，可省略不写

b（banary）：　二进制文件

+：　　　　　　读和写

（2）凡用"r"打开一个文件时，该文件必须已经存在，且只能从该文件读出。

（3）用"w"打开的文件只能向该文件写入。若打开的文件不存在，则以指定的文件名建立该文件，若打开的文件已经存在，则将该文件删去，重建一个新文件。

（4）若要向一个已存在的文件追加新的信息，只能用"a"方式打开文件。但此时该文件必须是存在的，否则将会出错。

（5）在打开一个文件时，如果出错，fopen()函数将返回一个空指针值 NULL。在程序中可以用这一信息来判别是否完成打开文件的工作，并作相应的处理。因此常用以下程序段打开文件：

```
if((fp=fopen("d: \\a1", "r1")==NULL)
{
   printf("\nerror on open d: \\a1 file!");
     getch();
   exit(1);
}
```

这段程序的意义是，如果返回的指针为空，表示不能打开 D 盘根目录下的 a1 文件，则给出提示信息"error on open d：\ a1 file!"，下一行 getch()的功能是从键盘输入一个字符，但不在屏幕上显示。在这里，该行的作用是等待，只有当用户从键盘敲任一键时，程序才继续执行，因此用户可利用这个等待时间阅读出错提示。敲键后执行 exit(1)退出程序。

（6）把一个文本文件读入内存时，要将 ASCII 码转换成二进制码，而把文件以文本方式写入磁盘时，也要把二进制码转换成 ASCII 码，因此文本文件的读/写要花费较多的转换时间。对二进制文件的读/写不存在这种转换。

（7）标准输入文件（键盘），标准输出文件（显示器），标准出错输出（出错信息）是由系统打开的，可直接使用。

注意：文件打开模式参数为字符串，不是字符。另外，对不同的操作系统或不同的 C 语言编译器，文件打开模式参数可能不同。

在 C 语言中，文件操作都是由库函数来完成的。在下一节中将介绍主要的文件操作函数等。

【例 10.1】打开一个名为 test.txt 文件并准备写操作。

程序如下：

```
#include "stdio.h"
main()
{
  FILE *fp;
  fp=fopen("d:\\test.txt","w");
  if(fp==NULL)
  {
    puts("不能打开此文件 \ n");
    exit(0);
  }
  fprintf(fp,"%s","Hello World!");
  fclose(fp);
  getch();

}
```

分析：在打开一个文件作为读操作时，该文件必须存在；如果文件不存在，则返回一个出错信息。用"w"或"wb"打开一个文件准备写操作时，如果该文件存在的话，则文件中原有的内容将被全部抹掉，并开始存放新内容；如果文件不存在，则建立这个文件。以写操作"w"或"wb"方式打开一个文件，只能对该文件进行写入而不能对该文件进行读出。然后调用系统函数 exit() 终止运行。

10.1.4 文件的关闭

在 C 语言中，在文件操作完成之后要关闭文件。关闭文件则是指断开指针与文件之间的联系，也就是禁止再对该文件进行操作。在 C 语言中，文件的关闭是通过 fclose()函数来实现。此函数的声明在"stdio.h"中，原型如下：

    int fclose(FILE *stream);

函数形式参数说明如下：

（1）FILE *stream ——打开文件的地址。

（2）函数返回值——int 类型，如果为 0，则表示文件关闭成功，否则表示失败。

文件处理完成之后，最后的一步操作是关闭文件，保证所有数据已经正确读/写完毕，并清理与当前文件相关的内存空间。在关闭文件之后，不可以再对文件进行读/写操作，除非再重新打开文件。

【例 10.2】设计一个程序，将字符 Hello World!、Ok!写入文件"d:\test.txt"中，当输入字符 "A"时退出写入，然后再从文件"d:\test.txt"中读出所有的字符并显示在屏幕上。

分析：要能从键盘上读取字符，再输出到"test.txt"文件中。必须要先将从键盘输入的内容先存到内存，再通过写入文件函数写入到文件中，要能在屏幕上显示文件的内容。也是同样的道理，应先将文件内容读入到内存，再通过以前的输出函数输出到屏幕上。

程序如下：

```
#include "stdio.h"
void main()
{
  FILE *fpFile;
  char c;
  if((fpFile=fopen("d:\\test.txt","w"))==NULL)
  {
    printf("文件打开失败!\n");
    exit(0);
  }
  while((c=getchar())!='A')
    fputc(c,fpFile);
  fclose(fpFile);
  getch();
}
```

【例 10.3】 有一个班共 30 个同学参加了一次数学考试，现要将这个班的同学的成绩存到文件中，便于以后的管理，请编写一个程序实现。再把存到文件中的数据读出来，并将其输出在显示器上。

分析：要完成学生成绩的文件管理，第一必须要了解文件的概念，然后学会文件的打开与关闭；第二必须会对文件进行读取与写入。

程序如下：

```
#include "stdio.h"
main()
{
  int a[30],i,b[30];
  FILE *p;                        /*定义一个文件指针类型的变量*/
  p=fopen("aaa.txt","w");         /*打开一个文件用以写入文本文件*/
  for(i=0;i<30;i++)
    scanf("%d",&a[i]);
    /*将输入的成绩以 5d 的格式保存在文件 aaa.txt 中*/
  for(i=0;i<30;i++)
    fprintf(p,"%5d",a[i]);
  fclose(p);                      /*关闭文件*/
  p=fopen("aaa.txt","r");         /*打开一个文件用以读入文本文件*/
  /*将 aaa.txt 文件中的数据读入到数组 b 中*/
  for(i=0;i<30;i++)
    fscanf(p,"%d",&b[i]);
  /*输出数组 b*/
  for(i=0;i<30;i++)
    printf("%3d",b[i]);
```

```
    fclose(p);
    getch();
}
```

10.2　文件的常用操作

当用函数 fopen()打开一个文件后，就可以对文件进行读/写、定位和检测操作了。C 语言的读/写操作是通过函数来实现的，包括顺序读/写和随机读/写。常用的读/写函数可分为：字符的读/写、字符串读/写、格式化读/写、块的读/写。

10.2.1　字符的读/写

头文件 stdio.h 中定义了两个用于文件字符读/写函数 fputc()与 fgetc()。

（1）写字符函数 fputc( )。fputc( )函数的原型：

```
int fputc(char ch, FILE *fp)
```

函数的功能：将 ch 字符写入 fp 指向的文件,正确写入返回写入的字符 ch,写错误返回 EOF(-1)。

【例 10.4】从键盘输入一行字符，写入一个文件，再把该文件内容读出显示在屏幕上。

程序如下：

```
#include<stdio.h>
main()
{
  FILE *fp;
  char ch;
  if((fp=fopen("d:\\string","wt+"))==NULL)
  {
    printf("Can not open file strike any key exit!"); getch();
    exit(1);
  }
  printf("input a string:\n");
  ch=getchar();
  while(ch!='\n')
  {
    fputc(ch,fp);
    ch=getchar();
  }
  rewind(fp);
  ch=fgetc(fp);
  while(ch!=EOF)
  {
    putchar(ch);
    ch=fgetc(fp);
  }
  printf("\n");
  fclose(fp);
```

```
    getch();
    }
```

程序分析：程序中第 6 行以读/写文本文件方式打开文件 string。程序第 13 行从键盘读入一个字符后进入循环，当读入字符不为回车符时，则把该字符写入文件之中，然后继续从键盘读入下一字符。每输入一个字符，文件内部位置指针向后移动一个字节。写入完毕，该指针已指向文件末。如要把文件从头读出，须把指针移向文件头，程序第 18 行 rewind()函数用于把 fp 所指文件的内部位置指针移到文件头。第 20～24 行用于读出文件中的一行内容。

【例 10.5】把命令行参数中的前一个文件名标识的文件，复制到后一个文件名标识的文件中，如命令行中只有一个文件名则把该文件写到标准输出文件（显示器）中。

程序如下：

```
#include<stdio.h>
main(int argc,char *argv[])
{
    FILE *fp1,*fp2;
    char ch;
    if(argc==1)
    {
        printf("have not enter file name strike any key exit");
        getch();
        exit(0);
    }
    if((fp1=fopen(argv[1],"rt"))==NULL)
    {
        printf("Can not open %s\n",argv[1]);
        getch();
        exit(1);
    }
    if(argc==2)
        fp2=stdout;
    else if((fp2=fopen(argv[2],"wt+"))==NULL)
    {
        printf("Can not open %s\n",argv[1]);
        getch();
        exit(1);
    }
    while((ch=fgetc(fp1))!=EOF)
        fputc(ch,fp2);
    fclose(fp1);
    fclose(fp2);
}
```

程序分析：本程序为带参的 main ()函数。程序中定义了两个文件指针 fp1 和 fp2，分别指向命令行参数中给出的文件。如命令行参数中没有给出文件名，则给出提示信息。程序第 19 行表示如果只给出一个文件名，则使 fp2 指向标准输出文件（即显示器）。程序第 26～29 行用循环语句逐个读出文件 1 中的字符再送到文件 2 中。再次运行时，给出了一个文件名，故输出给标准输出文件 stdout，即在显示器上显示文件内容。第三次运行，给出了两个文件名，因此把 string 中的内容读出，写入到 OK 之中。可用 DOS 命令 type 显示 OK 的内容。

（2）读字符函数 fgetc( )。fgetc( ) 函数的原型：

```
int fgetc(FILE *fp)
```

函数的功能：从 fp 指向的文件中读取一个字符，并将该字符返回，如果读到文件末尾或读文件出错，返回值为 EOF(-1)。

【例 10.6】读入文件 c1.doc，在屏幕上输出。

程序如下：

```
#include<stdio.h>
main()
{
  FILE *fp; char ch;
  if((fp=fopen("d:\\c1.txt","rt"))==NULL)
  {
    printf("\nCan not open file strike any key exit!");
    getch();
    exit(1);
  }
  ch=fgetc(fp);
  while(ch!=EOF)
  {
    putchar(ch);
    ch=fgetc(fp);
  }
  fclose(fp);
  getch();
}
```

程序分析：本例程序的功能是从文件中逐个读取字符，在屏幕上显示。程序定义了文件指针 fp，以读文本文件方式打开文件 "d:\\c1.txt"，并使 fp 指向该文件。如打开文件出错，给出提示并退出程序。程序第 12 行先读出一个字符，然后进入循环，只要读出的字符不是文件结束标志（每个文件末有一结束标志 EOF）就把该字符显示在屏幕上，再读入下一字符。每读一次，文件内部的位置指针向后移动一个字符，文件结束时，该指针指向 EOF。执行本程序将显示整个文件。

10.2.2　字符串的读/写

头文件 stdio.h 中定义了两个用于文件字符串读/写函数 fputs() 与 fgets()。

（1）写字符串函数 fputs( )。fputs( ) 函数的原型：

```
int fputs(char *str, file *fp)
```

函数的功能：向 fp 指向的文件中写入 str 所表示的字符串，字符串结束标志 '\0' 不写入，写入正确返回 0，写入错误返回 EOF(-1)。

（2）读字符串函数 fgets( )。fgets( )函数的原型：

```
char *fgets(char *str, int num, FILE *fp)
```

函数的功能：从 fp 指向的文件中读取 num-1 个字符，并将读取的字符保存到 str 指向的连续存储空间。函数的返回值是读取的字符串的首地址，读取失败返回 NULL。读字符串后自动添加字符串结束标志'\0'保存到字符串末尾。

注意：在读取 n-1 个字符之前，如遇到了换行符或 EOF，则读取结束。

【例 10.7】从 string 文件中读入一个含 10 个字符的字符串。

程序如下：

```
#include<stdio.h>
main()
{
  FILE *fp;
  char str[11];
  if((fp=fopen("d:\\string","rt"))==NULL)
  {
    printf("\nCan not open file strike any key exit!");
    getch();
    exit(1);
  }
  fgets(str,11,fp);
  printf("\n%s\n",str);
  fclose(fp);
  getch();
}
```

程序分析：本例定义了一个字符数组 str 共 11 个字节，再以读文本文件方式打开文件 string 后，从中读出 10 个字符送入 str 数组，在数组最后一个单元内将加上'\0'，然后在屏幕上显示输出 str 数组。

【例 10.8】在例 10.7 中建立的文件 string 中追加一个字符串。

```
#include<stdio.h>
main()
{
  FILE *fp;
  char ch,st[20];
  if((fp=fopen("string","at+"))==NULL)
  {
    printf("Can not open file strike any key exit!"); getch();
    exit(1);
  }
  printf("input a string:\n");
  scanf("%s",st);
  fputs(st,fp);
  rewind(fp);
```

```
ch=fgetc(fp);
while(ch!=EOF)
{
  putchar(ch);
  ch=fgetc(fp);
}
printf("\n");
fclose(fp);
getch();
}
```

10.2.3 数据块读/写函数

头文件 stdio.h 中定义了两个用于文件数据块读/写函数 fwrite()与 fread()。

（1）写数据块函数 fwrite( )。fwrite( )函数的原型：

```
int fwrite(void *buf, int size,int count,FILE *fp)
```

其中，buf 表示写入数据的首地址；size 表示每个数据块的字节数；count 表示要读/写的数据块个数；fp 表示文件类型指针。

函数功能：从 buf 所指的内存单元中将 count 个数据项写入 fp 所指的文件中去，每个数据项为 size 个字节。fwrite()函数正确写入，则返回写入的数据项个数，如果写入的数据项个数小于要求的字节，说明写到了文件结尾或出错，返回 NULL。

例如：有语句：

```
fwrite(buf,20,18,fp);
```

它表示要把数据写入由 fp 指向的文件，数据现在存放在由指针 buf 指向的内存区域中。写入的数据共 18 个，每个为 20 字节长。

（2）读数据块函数 fread( )。fread( )函数的原型：

```
int fread(void *buf, int size, int count, FILE *fp)
```

其中，buf 表示存放读出数据的内存首地址；size 表示每个数据块的字节数；count 表示要读/写的数据块个数；fp 表示文件类型指针。

函数的功能：从 fp 所指的文件中读出 count 个数据项，每个数据项为 size 个字节，读出后的数据项存入 buf 所指向的内存单元中。fread()函数的返回值是实际读出的数据项个数，如果读出的数据项个数少于函数调用时指定的数目，则调用出错，返回 NULL。

【例 10.9】编写程序，向一个结构数组中输入 3 个数据，并将这 3 个数据写入文件。打开该文件，将里面的数据读到另一个结构数组，然后打印显示。验证函数 fwrite()、fread()的工作。

程序如下：

```
#include "stdio.h"
struct goods
{
  char item[10];
  int code;
  int stock;
};
```

```
main()
{
  struct goods fruit[3],temp[3],*p;
  int k;
  FILE *fp;
  for(k=0,p=fruit;k<3;k++,p++)
  {
    printf("Please enter %d's item: ", k+1);
    scanf("%s%d%d", p->item, &p->code, &p->stock);
  }
  if((fp=fopen("C:/zdh/test3.dat", "w"))==NULL)
  {
    printf("file can not be opened!\n ");
    exit (1);
  }
fwrite(fruit,sizeof(struct goods),3,fp);
fclose(fp);
  if((fp=fopen("C:/zdh/test3.dat", "r"))==NULL)
  {
    printf("file can not be opened!\n ");
    exit (1);
  }
  fread(temp,sizeof(struct goods),3,fp);
    fclose(fp);
  for(k=0,p=temp;k<3;k++,p++)
    printf("%s  %d  %d\n",p->item,p->code,p->stock);
  getch();
}
```

程序分析：程序中定义了名为 struct goods 的结构类型。在 main()中，fruit 和 temp 是这种结构类型的数组，p 是这种结构类型的指针。

注意：程序里是通过"sizeof(struct goods)"来求出结构 struct goods 的长度的。程序中，也可以以"wb"和"rb"的模式打开文件，结果是一样的。

【例 10.10】从键盘读取 10 个整型数据存储到文件中，然后再从文件中读取数据，并输出到屏幕。

分析：首先得从键盘上输入数据存到数组变量中，再通过 fwrite()函数将数组变量的内容写到文件中，再用 fread()函数读出到数组中（此题不用再次读取也可直接输出到屏幕上），最后用 printf()输出数组内容。

程序如下：

```
#include <stdio.h>
void main()
{
  FILE *fpFile;
```

```
int nArray[10];
int i ;
if((fpFile=fopen("data.dat","w"))==NULL)
{
  printf("文件打开失败!\n");
  exit(0);
}
i=0;
printf("请输入 10 个数: \n");
while(i<10)
{
  scanf("%d",&nArray[i]);
  i++;
}
fwrite(nArray,sizeof(int),10,fpFile);
fread(nArray,sizeof(int),10,fpFile);
printf("您所存储的数是: \n");
for(i=0;i<10;i++)
  printf("%4d",nArray[i]);
fclose(fpFile);
getchar(); /*暂停*/
getch();
}
```

格式化读/写函数。头文件 stdio.h 中定义了两个用于文件格式化读/写函数 fprintf() 与 fscanf()。

（1）格式化写函数 fprintf()。fprintf()函数的原型：

```
int fprintf(FILE *fp, char *format,…)
```

其中，fp 是文件类型指针，format 表示的是格式化字符构成的字符串，…表示要写入的数据项列表。

函数功能：按照 format 格式化字符的方式将数据项列表中的数据写入 fp 所指向的文件。函数的返回值是写入字符的个数，写入错误返回 NULL。

（2）格式化读函数 fscanf()。fscanf()函数的原型：

```
int fscanf(FILE *fp, char *format,…)
```

其中，fp 是文件类型指针，format 表示的是格式化字符构成的字符串，…表示要读取的数据项指针列表。正确读取返回读取的数据项个数，读取错误返回 NULL。

【例 10.11】从键盘读入 5 位同学的姓名、数学成绩、物理成绩和化学成绩，并计算总分后输出到文本文件 "student.dat" 中。

分析：要求从键盘上输入 5 位同学的信息并求出总分到文件中，首先得从键盘上输入信息存到变量中，再由变量存到文件中，即先用 scanf()函数输入到变量，并算出总分，再用 fprintf()写入到文件中。

程序如下：

```
#include "stdio.h"
void main()
```

```
{
    FILE *fpFile;float fPhyscial,fMath,fChemical;
    float fTotal;
    char szName[20];
    int i;
    if((fpFile=fopen("student.dat","w"))==NULL)
    {
        printf("文件打开失败!\n");
        exit(0);
    }
    printf("请输入信息: \n");
    printf("姓名\t物理\t数学\t化学\n");
    for(i=0;i<5;i++)
    {
        scanf("%s%f%f%f",szName,&fPhyscial,&fMath,&fChemical);
        fTotal=fPhyscial+fMath+fChemical;
        fprintf(fpFile,"%s\t%2.2f\t%2.2f\t%2.2f\t%2.2f\n",szName,fPhyscial,\
        fMath,fChemical,fTotal);
    }
    fclose(fpFile);
    if((fpFile=fopen("student.dat","r"))==NULL)
    {
        printf("文件打开失败!\n");
        exit(0);
    }
    printf("您所写入到文件的内容是: \n");
    printf("姓名\t物理\t数学\t化学\t总分\n");
    while(!feof(fpFile))
    {
        fscanf(fpFile,"%s%f%f%f",szName,&fPhyscial,&fMath,&fChemical,&fTotal);
        printf("%s\t%2.2f\t\t%2.2f\t%2.2f\t%2.2f\n",szName,fPhyscial,fMath,\
            fChemical,fTotal);
    }
    getch();
}
```

【例 10.12】从键盘中输入 10 个学生的姓名及数学、英语、语文三门课的成绩，计算每个同学的平均分，然后将此 10 个同学的姓名、三门课的成绩及平均分写入到文本文件 aa.txt 中。

分析：

（1）需要定义一个结构体数组，用于存放 10 个同学的姓名、三门课的成绩及平均分。

（2）在键盘上读入 10 个同学的姓名、三门课的成绩，然后计算每个同学的平均分。

（3）将 10 个同学的姓名、三门课的成绩及平均分写入到文本文件 aa.txt 中。

程序如下：

```
#include "stdio.h"
```

```
#include "process.h"
/*定义结构体*/
struct stu
{
  char name[10];
  int math,english,chinese;
  float avg;}
main()
{
  struct stu student[10],*pp;
  FILE *fp;
  int i;
  pp=student;
  /*以写入的形式打开文件 aa.txt*/
  if((fp=fopen("aa.txt","w"))==NULL)
  {  printf("打不开文件\n");
    exit(1);
  }
  printf("请输入十个学生的数据\n");
  /*输入十个同学的姓名、成绩并计算每个同学的平均分*/
  for(i=0;i<10;i++,pp++)
  {
    scanf("%s%d%d%d",pp->name,&pp->math,&pp->english,&pp->chinese);
    pp->avg=(pp->math+pp->english+pp->chinese)/3.0;
  }
  pp=student;
  /*将十个同学的姓名、三门课成绩、平均分写入到文件 aa.txt 中*/
  for(i=0;i<10;i++,pp++)
    fprintf(fp,"%s %d %d %d %.1f\n",pp->name,pp->math,pp->english,pp->chinese,pp->avg);
  fclose(fp);            /*关闭文件*/
  getch();
}
```

【例 10.13】将例 10.12 中的文本文件 aa.txt 数据读出，并将读出的数据输出在显示器上。

分析：

（1）定义一个结构体数组，用以存放读出的数据。

（2）以只读的形式打开文件文件 aa.txt。

（3）将文本文件 aa.txt 中的数据读入到结构体数组中。

（4）在显示器上输出此数组。

程序如下：

```
#include "stdio.h"
#include "process.h"        /*有 exit()函数，所有用此库函数*/
/*定义结构体*/
struct stu
```

```
{ char name[10];
  int math,English,Chinese;
  float avg;}
main()
{
  struct stu student[10],*pp;
  int i;
  FILE *fp;
  /*以读入的形式打开文件 aa.txt*/
  if((fp=fopen("aa.txt","r"))==NULL)
  {  printf("打不开文件\n");
    exit(1);
  }
  pp=student;
  /*从文件中将十个同学的姓名、三门课成绩、平均分读入到结构体数组 student 中*/
  for(i=0;i<10;i++,pp++)
    fscanf(fp,"%s%d%d%d%f",pp->name,&pp->math,&pp->English,&pp->Chinese,
    &pp->avg);
  fclose(fp);
  pp=student;
  /*输出结构体数组 student*/
  printf("从文件 aa.txt 中读出的数据为:\n");
  for(i=0;i<10;i++,pp++)
    printf("%s %d %d %d %.1f\n",pp->name,pp->math,pp->English,pp->Chinese,pp->avg);
  fclose(fp);
  getch();
}
```

10.2.4 文件的定位

在文件打开时，文件指针指向的是文件的第 1 个字符（字节）。当然，可根据具体的读/写操作情况，使用 C 语言提供的相应库函数将文件指针移动到指定的位置。这些库函数有 rewind()、fseek()等。

（1）重置文件位置指针函数。

rewind( )函数的原型：

```
int rewind(FILE *fp)
```

函数的功能：将 fp 所指向的文件的文件内部的位置指针移动到文件的开头。正确重置位置指针返回 0，否则返回 EOF。

【例 10.14】编写程序：检验 rewind()的功能。

程序如下：

```
#include "stdio.h"
#define N 13
main()
{
```

```
    FILE *fp;
    char str[]="ABCDEFGHIJKLMNOPQRSTUVWXYZ";
    char temp[N];
    if((fp=fopen("d:/a1/test5.txt", "w"))==NULL)
    {
      printf("file can not be opened!\n");
      exit(1);
    }
    fputs(str,fp);
    fclose(fp);
    if((fp=fopen("d:/a1/test5.txt", "r"))==NULL)
    {
      printf("file can not be opened!\n");
      exit(1);
    }
    fgets(temp,N,fp);
    printf("(1): %s\n",temp);
    fgets(temp,N,fp);
    printf("(2): %s\n",temp);
    rewind(fp);
    fgets(temp,N,fp);
    printf("(3): %s\n",temp);
    fclose(fp);
    getch();
}
```

（2）定位文件位置指针函数。

若希望读文件中的某个数据，又不想把它前面的数据读出来，那就要用到文件的随机定位函数 fseek()。

fseek( )函数的原型：

```
int fseek(FILE *fp, long offset,int origin)
```

功能：用来移动文件内部位置指针。

其中，形参 fp 是指向文件的指针；origin 表示起始位置；形参 offset 表示相对于 origin 规定的起始位置的偏移量，是相对于起始位置移动的字节数。起始位置是指移动文件内部位置指针的参考位置，表示从何处开始计算位移量，规定有 3 个值：文件首、当前位置和文件尾。正确定位返回 0，否则返回 EOF。

【例 10.15】有 5 个学生，每个学生有 3 门课的成绩，从键盘上分别输入每个学生的学号、姓名和 3 门课的成绩，保存到一个名为 ddd.dat 的二进制文件中去，然后在 ddd.dat 文件中读出第三个学生的数据。

分析：

（1）需要定义一个结构体数组，用于存放 5 个同学的姓名、三门课的成绩。

（2）在键盘上读入 5 个同学的姓名、三门课的成绩。

（3）以读/写的形式打开二制文件 ddd.dat，将 5 个同学的姓名、三门课的成绩写入到文件中。

（4）将 ddd.dat 文件位置指针移到文件首，然后移动文件位置指针，将它定位在第三条记录上，将数据读入并显示在显示器上。

（5）关闭文件。

程序如下：

```c
#include "stdio.h"
#include "process.h"   /*有 exit()函数，所以用此库函数*/
#define N 5
struct stu
{ char name[10];
   int math,Englist,Chinese;
}
main()
{ struct stu student[N],*pp;
   FILE *fp;
   int i;
   pp=student;
   if((fp=fopen("ddd.dat","wb+"))==NULL)
   { printf("打不开文件\n");
     exit(1);
   }
   printf("请输入%d个学生的数据\n",N);
   for(i=0;i<N;i++,pp++)
     scanf("%s%d%d%d",pp->name,&pp->math,&pp->Englist,&pp->Chinese);
   pp=student;
   fwrite(pp,sizeof(struct stu),5,fp);
   rewind(fp);
   fseek(fp,2*sizeof(struct stu),0);
   fread(pp,sizeof(struct stu),1,fp);
   printf("输出的第三个同学的信息为:\n");
   printf("%s %d %d %d \n",pp->name,pp->math,pp->Englist,pp->Chinese);
   fclose(fp);
   getch();
}
```

【例 10.16】从键盘输入两个学生数据，写入一个文件中，再读出这两个学生的数据显示在屏幕上。

程序如下：

```c
#include<stdio.h>
struct stu
{
   char name[10];
   int num;
   int age;
```

```
   char addr[15];
   }boya[2],boyb[2],*pp,*qq;
main()
{
   FILE *fp;
   char ch; int i; pp=boya; qq=boyb;
   if((fp=fopen("d:\\stu_list","wb+"))==NULL)
   {
     printf("Can not open file strike any key exit!"); getch();
     exit(1);
   }
   printf("\nInput data\n");
   for(i=0;i<2;i++,pp++)
     scanf("%s%d%d%s",pp->name,&pp->num,&pp->age,pp->addr);
   pp=boya;
   fwrite(pp,sizeof(struct stu),2,fp);
   rewind(fp);
   fread(qq,sizeof(struct stu),2,fp);
   printf("\n\nname\tnumber   age    addr\n");
   for(i=0;i<2;i++,qq++)
     printf("%s\t%5d%7d    %s\n",qq->name,qq->num,qq->age,qq->addr);
   fclose(fp);
   getch();
}
```

程序分析：本例程序定义了一个结构 stu，说明了两个结构数组 boya 和 boyb 以及两个结构指针变量 pp 和 qq。pp 指向 boya，qq 指向 boyb。程序第 13 行以读/写方式打开二进制文件 "stu_list"，输入二个学生数据之后，写入该文件中，然后把文件内部位置指针移到文件首，读出两块学生数据后，在屏幕上显示。

【例 10.17】在例 10.16 的学生文件 stu_list 中读出第二个学生的数据。

分析：文件 stu_list 已由例 10.15 的程序建立，本程序用随机读出的方法读出第二个学生的数据。程序中定义 boy 为 stu 类型变量，qq 为指向 boy 的指针。以读二进制文件方式打开文件，程序第 22 行移动文件位置指针。其中的 i 值为 1，表示从文件头开始，移动一个 stu 类型的长度，然后再读出的数据即为第二个学生的数据。

程序如下：

```
#include<stdio.h>
struct stu
{
   char name[10];
   int num; int age;
   char addr[15];
   }boy,*qq;
main()
{
```

```
FILE *fp; char ch; int i=1; qq=&boy;
if((fp=fopen("stu_list","rb"))==NULL)
{
  printf("Can not open file strike any key exit!"); getch();
  exit(1);
}
rewind(fp);
fseek(fp,i*sizeof(struct stu),0);
fread(qq,sizeof(struct stu),1,fp);
printf("\n\nname\tnumber      age    addr\n");
printf("%s\t%5d    %7d    %s\n",qq->name,qq->num,qq->age,qq->addr);
getch();
}
```

【例 10.18】编写程序完成如下功能：

（1）从键盘上输入 10 个整数，分别以文本文件 d1.txt 和二进制文件 d2.dat 方式存入磁盘。然后读出并显示在显示器上

（2）从上题中的文件 d1.txt 及 d2.dat 中读出并显示在显示器上。

（3）将 d2.dat 中的 1、3、5、7、9 数据读出并显示在显示器上。

分析：要打开两个文件，一个文件以文本文件方式存入磁盘，另一个文件以二进制方式存入磁盘，分别用 fprintf()函数和 fwrite()函数写入。同理，要打开两个文件，一个文件以文本文件方式读入内存，另一个文件以二进制方式读入内存，分别用 fscanf()函数和 fread()函数读入。

程序如下：

（1）

```
#include "stdio.h"
#define N 10
main()
{
  int x[10],i,y[10];
  FILE *fp1,*fp2;
  fp1=fopen("d1.txt","w+");
  fp2=fopen("d2.dat","wb+");
  printf("请输入%d 个数:\n",N);
  for(i=0;i<N;i++)
  {
    scanf("%d",&x[i]);
    fprintf(fp1,"%5d",x[i]);      /*将键盘中输入的数写入到文本文件 d1.dat 中*/
  }
  fwrite(x,sizeof(int),N,fp2);  /*一次性写入数据到二进制文件 d2.dat 中*/
  fclose(fp1);
  fclose(fp2);
  getch();
}
```

（2）
```c
#include "stdio.h"
#define N 10
main()
{
  int x[10],i,y[10];
  FILE *fp1,*fp2;
  fp1=fopen("d1.txt","r+");
  fp2=fopen("d2.dat","rb+");
  for(i=0;i<N;i++)
    fscanf(fp1,"%d",&y[i]);        /*将文件 d1.txt 读入到数组 y 中 */
  fread(x,sizeof(int),N,fp2);      /*将文件 d2.dat 读入到数组 x 中 */
  for(i=0;i<N;i++)
    printf("%5d",y[i]);
  printf("\n");
  for(i=0;i<N;i++)
    printf("%5d",x[i]);
  printf("\n");
  fclose(fp1);
  close(fp2);
  getch();
}
```
（3）
```c
#include "stdio.h"
#define N 10
main()
{
  int x,i;
  FILE *fp2;
  fp2=fopen("d2.dat","rb+");
  for(i=0;i<N;i=i+2)          /*在文件中定位并将此数读出，同时显示在屏幕上*/
  {
    fseek(fp2,i*sizeof(int),0);
    fread(&x,sizeof(int),1,fp2);
    printf("%5d",x);
  }
  printf("\n");
  fclose(fp2);
  getch();
}
```

10.2.5 文件的检测

在文件输入/输出过程中，一旦发现操作错误，C 语言文件流就会将发生的错误记录下来。用户可以使用 C 语言提供的错误检测功能，检测和查明错误发生的原因和性质，然后再调用 clearerr()

函数清除错误状态，使流能够恢复正常操作。

除 clearerr()函数外，用于跟踪、检测文件读/写状态和是否出现未知错误的库函数有：ferror() 和 feof()，它们都是在头文件 stdio.h 定义的库函数。

（1）错误检测函数。

ferror( )函数的原型：

```
int ferror(FILE *fp)
```

函数的功能：检测 fp 指向的文件在使用各种输入/输出函数进行读/写时是否出错，返回值为 0 表示没有错误，返回值为非 0 值时，表示出错。

由 fpoen()函数打开文件后，ferror()函数的初始值则自动被置为 0；如果出错，则由 ferror()函数 给出的标记一直保持到该文件的关闭，或者调用 rewind( )或 clearerr( )为止。

【例 10.19】编写程序，接收从键盘输入的一个字符串、一个实数、一个整数，随之将其存入 文件。

程序如下：

```
#include "stdio.h"
void errp(FILE *fp)
{
  if(ferror(fp)!=0)
  {
    printf("file operates bedefeated.\n");
    exit(1);
  }
  else
    return;
}
main()
{
  FILE *fp;
  char st[10];
  float x; int k;
  fp=fopen("d:/test17.dat", "w");
  errp(fp);
  printf("Please enter a string,a float, an integer: ");
  fscanf(stdin, "%s%f%d", st, &x, &k);
  errp(fp);
  fprintf(fp, "%s%f%d", st, x, k);
  errp(fp);
  fclose(fp);
  getch();
}
```

（2）位置指针检测函数。

feof( )函数的原型：

```
int feof(FILE *fp)
```

函数的功能：检测 fp 所指向的文件的内部位置指针的位置，以确定是否到了文件的末尾。到文件末尾返回值为 1，否则为 0。

（3）标记重置函数。

clearerr( )函数的原型：

```
void clearerr(FILE *fp)
```

函数的功能：将 fp 指向的文件的输入/输出出错标记和文件结束标记置为 0。当调用的输入/输出函数出错时，由 ferror( )函数给出非 0 标记，并一直保持此值，调用 clearerr( )函数可以重新置 0。对同一文件，只要出错就一直保留，直至遇到 clearerr()函数或 rewind()函数，或其他任何一个输入/输出库函数。

 案例分析与实现

1. 案例分析

例 10.1、例 10.2 中的文件读入和写入都是顺序读/写，而本任务中的问题是要求随机读/写，即按要求进行读/写。换句话说，就是人为地控制当前文件指针的移动，让文件指针随意指向我们想要指向的位置，而不是像以往那样按物理顺序逐个移动，这就是所谓对文件的定位与随机读/写。

2. 案例实现过程

程序代码：

```c
#include "stdio.h"
#include "process.h"
struct stu
{
  char name[5];
  int math,Englist,Chinese;
  float avg;
}
main()
{
  struct stu student[5],*pp,ss[5],*yy;
  FILE *fp;
  int i;
  pp=student;
  if((fp=fopen("aa.txt","wb+"))==NULL)
  {
      printf("打不开文件\n");
      exit(1);
  }
printf("请输入30个学生的数据(姓名  数学   英语    语文 ):\n");
for(i=0;i<5;i++,pp++)
{
  scanf("%s%d%d%d",pp->name,&pp->math,&pp->Englist,&pp->Chinese);
  pp->avg=(pp->math+pp->Englist+pp->Chinese)/3.0;
}
```

```
pp=student;
fwrite(pp,sizeof(struct stu),30,fp);
yy=ss;
rewind(fp);  /*定位到文件头*/
printf("姓名  数学  英语  语文\n");
for(i=1;i<5;i=i+2)
{
  fseek(fp,i*sizeof(struct stu),0);
  fread(yy,sizeof(struct stu),1,fp);
  printf("%s%5d%5d%5d%5.1f\n",yy->name,yy->math,yy->Englist,yy->Chinese,
  yy->avg);
}
  getch();
}
```

3. 案例执行结果

若分别输入 10 名学生的姓名及课程分数，则运行结果如图 10-1 所示。

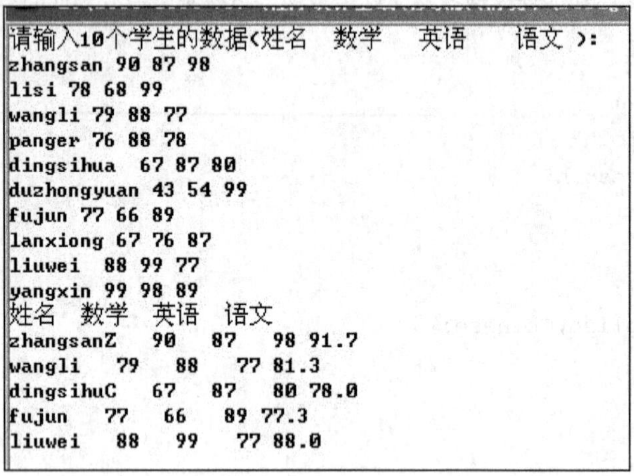

图 10-1　运行结果

情境小结

文件是程序设计中一种重要的数据类型，是存储在外部介质上的一组数据集合。C 系统把文件当作一个"流"，按字节进行处理。C 文件按编码方式分为二进制文件和 ASCII 文件。

对文件操作分为三步：打开文件、读/写文件、关闭文件。文件的访问是通过 stdio.h 中定义的名为 FILE 的结构类型实现的，它包括文件操作的基本信息。一个文件被打开时，编译程序自动在内存中建立该文件的 FILE 结构，并返回指向文件起始地址的指针。其流程即首先调用 fopen() 函数打开文件，然后调用 fgetc()、fputc()、fgets()、fputs()、fread()、fwrite()、fprintf()、fscanf()等函数进行数据读/写，最后调用 fclose()函数关闭文件。

对文件操作要养成一个好的习惯：打开文件时，一定要检查 fopen()函数返回的文件指针是否是 NULL。如果不做文件指针合法性检查，一旦文件打开失败，就会造成文件指针操作，严重时会导致系统崩溃。

　　文件可按只读、只写、读/写、追加四种操作方式打开，同时还必须指定文件的类型是二进制文件还是文本文件。文件可按字节，字符串为单位读/写，文件也可按指定的格式进行读/写。字符读/写函数：fget()和 fput()；字符串读/写函数：fgets()和 fputs()；格式化读/写函数：fscanf fprintf。文件内部的位置指针可指示当前的读/写位置，移动该指针可以对文件实现随机读/写。

习　　题

　　1. 将键盘上输入的一个字符串（以 '@' 作为结束字符），以 ASCII 码形式存储到一个磁盘文件中，然后从该磁盘文件中读出其字符串并显示出来。

　　2. 利用字符读/写函数实现文件拷贝。

　　3. 向文件 wang.txt 中写入两行文本，然后分三次读出其内容。

　　4. 将一个整型数组存放到文件中，然后从文件中读取数据到数组中并显示。

　　5. 将多个学生的基本信息存放到 student.dat 文件中，然后从文件中读出并显示。

　　6. 根据程序提示从键盘输入一个已存在的文本文件的完整文件名，并再输入一个新文本文件的完整文件名，然后编程将已存在文本文件中的内容全部拷贝到新文本文件中去，利用文本编辑软件，通过查看文件内容验证程序执行结果。

　　7. 从键盘读取字符串，暂时存放在一维数组中。然后利用 fputs() 把它存入文件 "d:/ test2.txt"。重新打开该文件，将存放其中的字符串读入另一个一维数组，并将它输出。

　　8. 从键盘输入 12 个同学的学号，姓名和成绩存入文件。

情境十一 | 综 合 案 例

通过前面 10 个情境的学习，我们已经学会了使用 C 语言进行简单的程序设计，C 语言程序设计是一门实践性很强的课程，编写程序、调试程序和测试程序的能力需要经过大量实践学习来培养。本情境是综合运用 C 语言程序设计课程所学知识解决一个实际问题，强化实践能力，进一步提高综合运用能力的重要环节。通过案例解析，让读者领略大型程序的设计思想和开发方法，了解程序评价标准。

学习目标

- 确定软件功能。
- 定义核心数据结构。
- 对整个软件进行功能模块划分。
- 编写程序实现各功能模块。
- 对源程序进行编译和调试，形成软件产品。

 案例描述

编写一个菜单驱动的学生成绩管理程序，要求如下：

（1）能输入并显示 n 个学生的 m 门考试科目的成绩、总分和平均分。

（2）按总分由高到低进行排序。

（3）任意输入一个学号，能显示该学生的姓名、各门功课的成绩。

 案例分析与实现

1．案例分析

（1）用静态的数据结构（结构体数组）来存储和管理 n 个学生的学号、姓名、成绩等信息进行编程。

（2）排序函数是一个具有多种排序方式的，即不仅可以实现成绩的升序排列，还可以实现程序的降序排列。

（3）程序能够进行异常处理，检查用户输入数据的有效性，在用户输入数据有错误（如类型错误）或无效时，不会中断程序的执行，程序具有一定的健壮性。

（4）该程序所能达到的功能为：

① 输入成绩计算总分和平均分。

② 罗列成绩。

③ 删除修改记录。

④ 按总分升序和降序排列并输出成绩记录。

⑤ 按学号升序和降序排列并输出成绩记录。

2. 案例实现过程

程序代码：

```c
#include <stdio.h>
#include <string.h>
#include <ctype.h>
#include <stdlib.h>
#define COURSE_NUM  5                    /*最多的考试科目*/
struct student
{
  int number;                           /*每个学生的学号*/
  char name[15];                        /*每个学生的姓名*/
  int score[COURSE_NUM];                /*每个学生M门功课的成绩*/
  int sum;                              /*每个学生的总成绩*/
  float average;                        /*每个学生的平均成绩*/
  struct student *next;
};
typedef struct student STU;
char Menu(void);
int  Ascending(int a, int b);
int  Descending(int a, int b);
void IntSwap(int *pt1, int *pt2);
void CharSwap(char *pt1, char *pt2);
void FloatSwap(float *pt1, float *pt2);
STU *DeleteNode(STU *head, int nodeNum);
STU *ModifyNode(STU *head, int nodeNum, const int m);
STU *SearchNode(STU *head, int nodeNum);
STU *AppendScore(STU *head, const int m);
void TotalScore(STU *head, const int m);
void PrintScore(STU *head, const int m);
STU *DeleteScore(STU *head, const int m);
void ModifyScore(STU *head, const int m);
void SortScore(STU *head, const int m, int (*compare)(int a, int b));
void SearchScore(STU *head, const int m);
void DeleteMemory(STU *head);
void InputNodeData(STU *pNew, int m);
STU *AppendNode(STU *head, STU **pNew);
main()
{
  char  ch;
  int  m;
  STU  *head=NULL;
  printf("Input student number(m<10):");
```

```c
        scanf("%d", &m);
        while(1)
        {
            ch=Menu();                                  /*显示菜单，并读取用户输入*/
            switch(ch)
            {
                case'1':head=AppendScore(head, m);      /*调用成绩输入模块*/
                    TotalScore(head, m);
                    break;
                case'2':PrintScore(head, m);            /*调用成绩显示模块*/
                    break;
                case'3':head=DeleteScore(head, m);      /*调用成绩删除模块*/
                    printf("\nAfter deleted\n");
                    PrintScore(head, m);                /*显示成绩删除结果*/
                    break;
                case'4':ModifyScore(head, m);           /*调用成绩修改模块*/
                    TotalScore(head, m);
                    PrintScore(head, m);                /*显示成绩修改结果*/
                    break;
                case'5':SearchScore(head, m);           /*调用按学号查找模块*/
                    break;
                case'6':SortScore(head, m, Descending); /*按总分降序排序*/
                    printf("\nsorted in descending order by sum\n");
                    PrintScore(head, m);                /*显示成绩排序结果*/
                    break;
                case'7':SortScore(head, m, Ascending);  /*按总分升序排序*/
                    printf("\nsorted in ascending order by sum\n");
                    PrintScore(head, m);                /*显示成绩排序结果*/
                    break;
                case'0':exit(0);                        /* 退出程序*/
                    DeleteMemory(head);                 /*释放所有已分配的内存*/
                    printf("End of program!");
                    break;
                default:printf("Input error!");
                    break;
            }
        }
    }
/*函数功能：显示菜单并获得用户键盘输入的选项
    函数参数：无
    函数返回值：用户输入的选项*/
char Menu(void)
{
    char ch;
    printf("\nManagement for Students'scores\n");
```

```
    printf(" 1.Append record\n");
    printf(" 2.List    record\n");
    printf(" 3.Delete record\n");
    printf(" 4.Modify record\n");
    printf(" 5.Search record\n");
    printf(" 6.Sort    Score in descending order by sum\n");
    printf(" 7.Sort    Score in  ascending order by sum\n");
    printf(" 0.Exit\n");
    printf("Please Input your choice:");
    scanf(" %c", &ch); /*在%c前面加一个空格，将存于缓冲区中的回车符读入*/
    return ch;
}
```

/*函数功能：删除一个指定学号的学生的记录
　　函数参数：结构体指针head，指向存储学生信息的链表的首地址
　　　　　　　整型变量m，表示考试科目
　　函数返回值：删除学生记录后的链表的头指针*/

```
STU *DeleteScore(STU *head, const int m)
{
    int  i=0, nodeNum;
    char  c;
    do{
      printf("Please Input the number you want to delete:");
      scanf("%d", &nodeNum);
      head=DeleteNode(head, nodeNum);      /*删除学号为nodeNum的学生信息*/
      PrintScore(head, m);                 /*显示当前链表中的各节点信息*/
      printf("Do you want to delete a node(Y/N)?");
      scanf(" %c",&c);                     /*%c前面有一个空格*/
        i++;
    }while(c=='Y'‖c=='y');
    printf("%d nodes have been deleted!\n", i);
    return head;
}
```

/*函数功能：修改一个指定学号的学生的记录
　　函数参数：结构体指针head，指向存储学生信息的链表的首地址
　　　　　　　整型变量m，表示考试科目
　　函数返回值：修改学生记录后的链表的头指针*/

```
void ModifyScore(STU *head, const int m)
{
    int  i=0, nodeNum;
    char  c;
    do{
      printf("Please Input the number you want to modify:");
      scanf("%d", &nodeNum);
      head=ModifyNode(head, nodeNum, m); /*修改学号为nodeNum的节点*/
      printf("Do you want to modify a node(Y/N)?");
```

```
    scanf(" %c",&c);                              /*%c 前面有一个空格*/
        i++;
  }while(c=='Y'‖c=='y');
  printf("%d nodes have been modified!\n", i);
}
/*函数功能：计算每个学生的 m 门功课的总成绩和平均成绩
   函数参数：结构体指针 head，指向存储学生信息的链表的首地址
             整型变量 m，表示考试科目
   函数返回值：无  */
void TotalScore(STU *head, const int m)
{
  STU *p=head;
  int  i;
  while(p!=NULL)                                   /*若不是表尾，则循环*/
  {
    p->sum=0;
    for(i=0; i<m; i++)
    {
      p->sum += p->score[i];
    }
    p->average=(float)p->sum/m;
     p=p->next;                                    /*让 p 指向下一个结点*/
  }
}
/*函数功能：用交换法按总成绩由高到低排序
   函数参数：结构体指针 head，指向存储学生信息的链表的首地址
             整型变量 m，表示考试科目
   函数返回值：无*/
void SortScore(STU *head, const int m, int (*compare)(int a, int b))
{
  STU *pt;
  int flag=0, i;
  do{
    flag=0 ;
    pt=head;
        /*若后一个结点的总成绩比前一个结点的总成绩高，则交换两个结点中的数据
          注意只交换结点数据，而结点顺序不变，即结点 next 指针内容不进行交换*/
    while(pt->next!=NULL)
    {
      if((*compare)(pt->next->sum, pt->sum))
      {
        IntSwap(&pt->number, &pt->next->number);
        CharSwap(pt->name, pt->next->name);
        for(i=0; i<m; i++)
        {
```

```
            IntSwap(&pt->score[i], &pt->next->score[i]);
         }
         IntSwap(&pt->sum, &pt->next->sum);
         FloatSwap(&pt->average, &pt->next->average);
         flag=1;
      }
      pt=pt->next;
    }
  }while(flag);
}
/*交换两个整型数*/
void IntSwap(int *pt1, int *pt2)
{
  int temp;

  temp=*pt1;
  *pt1=*pt2;
  *pt2=temp;
}
/*交换两个实型数*/
void FloatSwap(float *pt1, float *pt2)
{
  float temp;
  temp=*pt1;
  *pt1=*pt2;
  *pt2=temp;
}
/*交换两个字符串*/
void CharSwap(char *pt1, char *pt2)
{
  char temp[15];
  strcpy(temp, pt1);
  strcpy(pt1, pt2);
  strcpy(pt2, temp);
}
/*决定数据是否按升序排序,a<b 为真,则按升序排序*/
int Ascending(int a, int b)
{
  return a<b;
}
/*决定数据是否按降序排序,a>b 为真,则按降序排序 */
int Descending(int a, int b)
{
  return a>b;
}
```

```
/*函数功能：按学号查找学生成绩
    函数参数：结构体指针 head，指向存储学生信息的链表的首地址
                整型变量 m，表示考试科目
    函数返回值：无*/
void SearchScore(STU *head, const int m)
{
    int number, i;
    STU *findNode;
    printf("Please Input the number you want to search:");
    scanf("%d", &number);
    findNode=SearchNode(head, number);
    if(findNode==NULL)
    {
        printf("Not found!\n");
    }
    else
    {
        printf("\nNo.%3d%8s", findNode->number, findNode->name);
        for(i=0; i<m; i++)
        {
            printf("%7d", findNode->score[i]);
        }
        printf("%9d%9.2f\n", findNode->sum, findNode->average);
    }
}
/*函数的功能：显示所有已经建立好的结点的节点号和该结点中数据项内容
    函数的参数：结构体指针变量 head，表示链表的头结点指针
                整型变量 m，表示考试科目
    函数返回值：无*/
void PrintScore(STU *head, const int m)
{
    STU *p=head;
    char str[100]={'\0'}, temp[3];
    int i, j=1;
    strcat(str,"Number        Name  ");
    for(i=1; i<=m; i++)
    {
        strcat(str, "Score");
        itoa(i,temp, 10);
        strcat(str, temp);
        strcat(str, "  ");
    }
    strcat(str," sum  average");
    printf("%s", str);                /* 打印表头 */
    while(p!=NULL)                     /*若不是表尾，则循环打印*/
```

```
   {
     printf("\nNo.%3d%15s", p->number, p->name);
     for(i=0; i<m; i++)
     {
       printf("%7d", p->score[i]);
     }
     printf("%9d%9.2f", p->sum, p->average);
     p=p->next;                /*让 p 指向下一个结点*/
     j++;
   }
   printf("\n");
}
/*函数功能: 按学号查找并修改一个结点数据
  函数参数: 结构体指针变量 head, 表示链表的头结点指针
           整型变量 nodeNum, 表示待修改结点的学号
           整型变量 m, 表示考试科目
  返回参数: 修改结点后的链表的头结点指针*/
STU *ModifyNode(STU *head, int nodeNum, const int m)
{
   int j;
   STU *newNode;
   newNode=SearchNode(head, nodeNum);
   if(newNode==NULL)
   {
     printf("Not found!\n");
   }
    else
   {
     printf("Input the new node data:\n");
     printf("Input name:");
     scanf("%s", newNode->name);
     for(j=0; j<m; j++)
     {
         printf("Input score%d:", j+1);
         scanf("%d", newNode->score+j);
     }
   }
   return head;
}
/*函数功能: 从 head 指向的链表中删除一个结点数据为 nodeNum 的结点
  输入参数: 结构体指针变量 head, 表示原有链表的头结点指针
           整型变量 nodeNum, 表示待删除结点的结点数据值
  返回参数: 删除结点后的链表的头结点指针*/
STU *DeleteNode(STU *head, int nodeNum)
{
```

```
      STU *p=head, *pr=head;
      if(head==NULL)                    /*链表为空，没有结点，无法删除结点*/
      {
        printf("No Linked Table!\n");
        return(head);
      }
      /*若没找到结点 nodeNum 且未到表尾，则继续找*/
      while (nodeNum!=p->number && p->next!=NULL)
      {
        pr=p;
        p=p->next;
      }
      if(nodeNum==p->number)            /*若找到结点 nodeNum，则删除该结点*/
      {
        if(p==head)                    /*若待删结点为首结点，则让 head 指向第 2 个结点*/
        {
          head=p->next;
        }
        else /*若待删结点非首结点，则将前一结点指针指向当前结点的下一结点*/
        {
          pr->next=p->next;
        }
        free(p);                        /*释放为已删除结点分配的内存*/
      }
      else                              /*没有找到待删除结点*/
  {
      printf("This Node has not been found!\n");
  }
      return head;                      /*返回删除结点后的链表的头结点指针*/
}
/*函数功能：按学号查找一个结点数据
  函数参数：结构体指针变量 head，表示链表的头结点指针
              整型变量 nodeNum，表示待修改结点的学号
  返回参数：待修改的结点指针*/
STU *SearchNode(STU *head, int nodeNum)
{
  STU *p=head;
  int j=1;
  while(p!=NULL)                  /*若不是表尾，则循环*/
  {
    if(p->number == nodeNum) return p;
    p=p->next;                    /*让 p 指向下一个结点*/
    j++;
  }
```

```
    return NULL;
}
/*函数功能：释放 head 指向的链表中所有结点占用的内存
   输入参数：结构体指针变量 head，表示链表的头结点指针
   返回参数：无*/
void DeleteMemory(STU *head)
{
    STU *p=head, *pr=NULL;
    while(p!=NULL)              /*若不是表尾，则释放结点占用的内存*/
    {
        pr=p;                  /*在 pr 中保存当前结点的指针*/
        p=p->next;             /*让 p 指向下一个结点*/
        free(pr);              /*释放 pr 指向的当前结点占用的内存*/
    }
}
/*函数功能：输入一个结点的结点数据
   函数参数：结构体指针变量 pNew，表示链表新添加结点的指针
            整型变量 m，表示考试科目
   返回参数： 无*/
void InputNodeData(STU *pNew, int m)
{
    int j;
    printf("Input node data...");
    printf("\nInput number:");
    scanf("%d", &pNew->number);
    printf("Input name:");
    scanf("%s", pNew->name);
    for(j=0;j<m;j++)
    {
        printf("Input score%d:", j+1);
        scanf("%d", pNew->score+j);
    }
}
/*函数功能：新建一个结点，并将该结点添加到链表的末尾
   函数入口参数：结构体指针变量 head，表示原有链表的头结点指针
   函数出口参数：指向结构体指针的指针变量 pNew，表示指向新添加结点指针的指针
      函数返回值：添加节点后的链表的头结点指针*/
STU *AppendNode(STU *head, STU **pNew)
{
    STU *p=NULL;
    STU *pr=head;
    p=(STU *)malloc(sizeof(STU));        /*为新添加的结点申请内存*/
    if(p==NULL)                /*若申请内存失败，则打印错误信息，退出程序*/
```

```
    {
      printf("No enough memory to alloc");
      exit(0);
    }
    if(head==NULL)              /*若原链表为空表，则将新建结点置为首结点*/
    {
      head=p;
    }
    else                        /*若原链表为非空，则将新建结点添加到表尾*/
    {
            /*若未到表尾，则继续移动指针pr，直到pr指向表尾*/
      while(pr->next != NULL)
      {
        pr=pr->next;
      }
      pr->next=p;               /*将新建结点添加到链表的末尾*/
    }
    pr=p;                       /*让pr指向新建结点*/
    pr->next=NULL;              /*将新建结点置为表尾*/
    *pNew=p;                    /*将新建结点指针通过二级指针pNew返回给调用函数*/
    return head;                /*返回添加结点后的链表的头结点指针*/
}
/*函数功能：向链表中添加从键盘输入的学生学号、姓名和成绩等信息
   函数参数：结构体指针head，指向存储学生信息的结构体数组的首地址
              整型变量m，表示考试科目
   函数返回值：无*/
STU *AppendScore(STU *head, const int m)
{
  int  i=0;
  char c;
  STU  *pNew;
  do{
    head=AppendNode(head, &pNew);      /*向链表末尾添加一个结点*/
    InputNodeData(pNew, m);            /*向新添加的结点中输入结点数据*/
    printf("Do you want to append a new node(Y/N)?");
    scanf(" %c",&c);                   /*%c前面有一个空格*/
        i++;
  }while(c=='Y' || c=='y');
  printf("%d new nodes have been apended!\n",i);
  return head;
}
```

3. 案例执行结果

程序运行结果如图 11-1 所示。

```
1.Append record
2.List    record
3.Delete record
4.Modify record
5.Search record
6.Sort    Score in descending order by sum
7.Sort    Score in  ascending order by sum
0.Exit
Please Input your choice:6

sorted in descending order by sum
Number        Name  Score1 Score2 Score3 Score4    sum  average
No.  1    zhangsan    67     78     89     67     301   75.25
No.  2        lisi    45     67     89     90     291   72.75

Management for Students' scores
1.Append record
2.List    record
3.Delete record
4.Modify record
5.Search record
6.Sort    Score in descending order by sum
7.Sort    Score in  ascending order by sum
0.Exit
Please Input your choice:
```

图 11-1 案例执行结果

 ## 情境小结

通过本情境综合案例的分析，进一步加深对 C 语言编程的理解和掌握，利用所学知识，理论和实际相结合，利用资源，采用模块化的结构，锻炼读者综合分析解决实际问题的编程能力，并培养读者在项目开发中的合作精神、创新意识及实战能力。

附录 A 常用转义字符

转义字符	转义字符的意义	ASCII 代码
\n	回车换行	10
\t	横向跳到下一制表位置	9
\b	退格	8
\r	回车	13
\f	走纸换页	12
\\	反斜线符"\"	92
\'	单引号符	39
\"	双引号符	34
\a	鸣铃	7
\ddd	1～3 位八进制数所代表的字符	
\xhh	1～2 位十六进制数所代表的字符	

ASCII 值	控制字符		ASCII 值	控制字符	ASCII 值	控制字符
0	NUT		26	SUB	52	4
1	SOH	（标题开始）	27	ESC	53	5
2	STX	（正文开始）	28	FS	54	6
3	ETX	（正文结束）	29	GS	55	7
4	EOT	（传输结束）	30	RS	56	8
5	ENQ	（询问字符）	31	US	57	9
6	ACK	（承认）	32	Space(空格)	58	:
7	BEL	（报警）	33	!	59	;
8	BS(Backspace)	（退格）	34	"	60	<
9	HT	（横向制表）	35	#	61	=
10	LF	（换行）	36	$	62	>
11	VT	（垂直制表）	37	%	63	?
12	FF	（走纸控制）	38	&	64	@
13	CR(Enter)	（回车）	39	'	65	A
14	SO	（移位输出）	40	(	66	B
15	SI	（移位输入）	41	)	67	C
16	DLE	（空格）	42	*	68	D
17	DCI	（设备控制 1）	43	+	69	E
18	DC2	（设备控制 2）	44	,	70	F
19	DC3	（设备控制 3）	45	–	71	G
20	DC4(Caps Lock)	（设备控制 4, 大写锁定）	46	.	72	H
21	NAK	（否定）	47	/	73	I
22	SYN	（空转同步）	48	0	74	J
23	ETB	（信息组传送结束）	49	1	75	K
24	CAN	（作废）	50	2	76	L
25	EM	（纸尽）	51	3	77	M

续表

ASCII 值	控制字符	ASCII 值	控制字符	ASCII 值	控制字符
78	N	95	_	112	p
79	O	96	`	113	q
80	P	97	a	114	r
81	Q	98	b	115	s
82	R	99	c	116	t
83	X	100	d	117	u
84	T	101	e	118	v
85	U	102	f	119	W
86	V	103	g	120	x
87	W	104	h	121	y
88	X	105	i	122	z
89	Y	106	j	123	{
90	Z	107	k	124	|
91	[	108	l	125	}
92	\	109	m	126	~
93	]	110	n	127	DEL
94	^	111	o		

附录 C ‖ C 语言运算符优先级及其结合性

优先级	运算符	名称或含义	使用形式	结合方向	说明
1	[]	数组下标	数组名[常量表达式]	左到右	
	()	圆括号	（表达式）/函数名(形参表)		
	.	成员选择（对象）	对象.成员名		
	->	成员选择（指针）	对象指针->成员名		
2	–	负号运算符	–表达式	右到左	单目运算符
	(类型)	强制类型转换	(数据类型)表达式		
	++	自增运算符	++变量名/变量名++		单目运算符
	––	自减运算符	––变量名/变量名––		单目运算符
	*	取值运算符	*指针变量		单目运算符
	&	取地址运算符	&变量名		单目运算符
	!	逻辑非运算符	!表达式		单目运算符
	~	按位取反运算符	~表达式		单目运算符
	sizeof	长度运算符	sizeof(表达式)		
3	/	除	表达式/表达式	左到右	双目运算符
	*	乘	表达式*表达式		双目运算符
	%	余数（取模）	整型表达式/整型表达式		双目运算符
4	+	加	表达式+表达式	左到右	双目运算符
	–	减	表达式–表达式		双目运算符
5	<<	左移	变量<<表达式	左到右	双目运算符
	>>	右移	变量>>表达式		双目运算符
6	>	大于	表达式>表达式	左到右	双目运算符
	>=	大于等于	表达式>=表达式		双目运算符
	<	小于	表达式<表达式		双目运算符
	<=	小于等于	表达式<=表达式		双目运算符
7	==	等于	表达式==表达式	左到右	双目运算符
	!=	不等于	表达式!= 表达式		双目运算符
8	&	按位与	表达式&表达式	左到右	双目运算符
9	^	按位异或	表达式^表达式	左到右	双目运算符

续表

优先级	运算符	名称或含义	使用形式	结合方向	说明
10	|	按位或	表达式|表达式	左到右	双目运算符
11	&&	逻辑与	表达式&&表达式	左到右	双目运算符
12	||	逻辑或	表达式||表达式	左到右	双目运算符
13	?:	条件运算符	表达式1? 表达式2: 表达式3	右到左	三目运算符
14	=	赋值运算符	变量=表达式	右到左	
	/=	除后赋值	变量/=表达式		
	*=	乘后赋值	变量*=表达式		
	%=	取模后赋值	变量%=表达式		
	+=	加后赋值	变量+=表达式		
	−=	减后赋值	变量−=表达式		
	<<=	左移后赋值	变量<<=表达式		
	>>=	右移后赋值	变量>>=表达式		
	&=	按位与后赋值	变量&=表达式		
	^=	按位异或后赋值	变量^=表达式		
	|=	按位或后赋值	变量|=表达式		
15	,	逗号运算符	表达式,表达式,...	左到右	从左向右顺序运算

说明：

同一优先级的运算符，运算次序由结合方向所决定。

简单记就是:! > 算术运算符 > 关系运算符 >&& > ‖ > 赋值运算符

附录 D ‖ 常用 C 语言标准库函数

C 语言编译系统提供了众多的预定义库函数和宏。用户在编写程序时，可以直接调用这些库函数和宏。这里选择了初学者常用的一些库函数，简单介绍了各函数的用法和所在的头文件。

1．测试函数

Isalnum

      原型：int isalnum(int c)

      功能：测试参数 c 是否为字母或数字：是则返回非零；否则返回零。

      头文件：ctype.h

Isapha

      原型：int isapha(int c)

      功能：测试参数 c 是否为字母：是则返回非零；否则返回零。

      头文件：ctype.h

Isascii

      原型：int isascii(int c)

      功能：测试参数 c 是否为 ASCII 码（0x00～0x7F）：是则返回非零；否则返回零。

      头文件：ctype.h

Iscntrl

      原型：int iscntrl(int c)

      功能：测试参数 c 是否为控制字符（0x00～0x1F、0x7F）：是则返回非零；否则返回零。

      头文件：ctype.h

Isdigit

      原型：int isdigit(int c)

      功能：测试参数 c 是否为数字：是则返回非零；否则返回零。

      头文件：ctype.h

Isgraph

      原型：int isgraph(int c)

      功能：测试参数 c 是否为可打印字符（0x21～0x7E）：是则返回非零；否则返回零。

      头文件：ctype.h

Islower

      原型：int islower(int c)

功能：测试参数 c 是否为小写字母：是则返回非零；否则返回零。

头文件：ctype.h

Isprint

原型：`int isprint(int c)`

功能：测试参数 c 是否为可打印字符（含空格符 0x20～0x7E）：是则返回非零；否则返回零。

头文件：ctype.h

Ispunct

原型：`int ispunct(int c)`

功能：测试参数 c 是否为标点符号：是则返回非零；否则返回零。

头文件：ctype.h

Isupper

原型：`int isupper(inr c)`

功能：测试参数 c 是否为大写字母：是则返回非零；否则返回零。

Isxdigit

原型：`int isxdigit(int c)`

功能：测试参数 c 是否为十六进制数：是则返回非零；否则返回零。

2．数学函数

abs

原型：`int abs(int i)`

功能：返回整型参数 i 的绝对值。

头文件：stdlib.h, math.h

acos

原型：`double acos(double x)`

功能：返回双精度参数 x 的反余弦三角函数值。

头文件：math.h

asin

原型：`double asin(double x)`

功能：返回双精度参数 x 的反正弦三角函数值。

头文件：math.h

atan

原型：`double atan(double x)`

功能：返回双精度参数的反正切三角函数值。

头文件：math.h

atan2

原型：`double atan2(double y,double x)`

功能：返回双精度参数 y 和 x 由式 y/x 所计算的反正切三角函数值。

　　　头文件：math.h

cabs

　　　原型：double cabs(struct complex znum)

　　　功能：返回一个双精度数，为计算出复数 znum 的绝对值。complex 的结构模式在 math.h
　　　　　　中给出定义，其定义如下：

```
struct complex {
              double a,y
};
```

　　　头文件：stdlib.h, math.h

ceil

　　　原型：double ceil(double x)

　　　功能：返回不小于参数 x 的最小整数。

　　　头文件：math.h

_clear87

　　　原型：unsigned int _clear87(void)

　　　功能：清除浮点运算器状态字。

　　　头文件：float.h

_control87

　　　原型：unsigned int _control87(unsigned int newvals,unsigned int mask)

　　　功能：取得或改变浮点运算器控制字。

　　　头文件：float.h

cos

　　　原型：double cos(double x)

　　　功能：返回参数 x 的余弦函数值。

　　　头文件：math.h

cosh

　　　原型：double cosh(double x)

　　　功能：返回参数的双曲线余弦函数值。

　　　头文件：math.h

ecvt

　　　原型：char*ecvt(double value,int ndigit,int*decpt,int*sign)

　　　功能：把双精度数 value 转换为 ndigit 位数字的以空格字符结束的字符串，decpt 指向
　　　　　　小数点位置，sign 为符号标志。函数返回值为指向转换后的字符串的指针。

　　　头文件：stdlib.h

exp

　　　原型：double exp(double x)

　　　功能：返回参数 x 的指数函数值。

　　　头文件：math.h

fabs

　　　　原型：`double fabs(double x)`

　　　　功能：返回参数 x 的绝对值。

　　　　头文件：math.h

floor

　　　　原型：`double floor(double x)`

　　　　功能：返回不大于参数 x 的最大整数。

　　　　头文件：math.h

fmod

　　　　原型：`double fmod(double x,double y)`

　　　　功能：计算 x/y 的余数。返回值为所求的余数值。

　　　　头文件：math.h

_fprest

　　　　原型：`void _fprest(void)`

　　　　功能：重新初始化浮点型数数学包。

　　　　头文件：float.h

frexp

　　　　原型：`double frexp(double value,int*eptr)`

　　　　功能：把双精度函数 value 分解成尾数和指数。函数返回尾数值，指数值存放在 eptr
　　　　　　　所指的单元中。

　　　　头文件：math.h

hypot

　　　　原型：`double hypot(double x,double y)`

　　　　功能：返回由参数 x 和 y 所计算的直角三角形的斜边长。

　　　　头文件：math.h

labs

　　　　原型：`long labs(long n)`

　　　　功能：返回长整数型参数 n 的绝对值。

　　　　头文件：stdlib.h

ldexp

　　　　原型：`double ldexp(double value,int exp)`

　　　　功能：返回 value*2exp 的值。

　　　　头文件：math.h

log

　　　　原型：`double log(double x)`

　　　　功能：返回参数 x 的自然对数（ln x）的值。

　　　　头文件：math.h

log10

　　　　原型：double log10(double x)

　　　　功能：返回参数 x 以 10 为底的自然对数（lg x）的值。

　　　　头文件：math.h

modf

　　　　原型：double modf(double value,double*iptr)

　　　　功能：把双精度数 value 分为整数部分和小数部分。整数部分保存在 iptr 中，小数部分作为函数的返回值。

　　　　头文件：math.h

poly

　　　　原型 : double poly(double x,int n,double c[])

　　　　功能：根据参数产生 x 的一个 n 次多项式，其系数为 $c[0]$，$c[1]$，…$c[n]$。函数返回值为给定 x 的多项式的值。

　　　　头文件：math.h

pow

　　　　原型：double pow(double x,double y)

　　　　功能：返回计算 xy 的值。

　　　　头文件：math.h

pow10

　　　　原型：double pow10(int p)

　　　　功能：返回计算 10 的 P 次方的值。

　　　　头文件：math.h

rand

　　　　原型：int rand(void)

　　　　功能：随机函数，返回一个范围在 $0\sim2^{15}-1$ 的随机整数。

　　　　头文件：stdlib.h

sin

　　　　原型：double sin(double x)

　　　　功能：返回参数 x 的正弦函数值。

　　　　头文件：math.h

sinh

　　　　原型：double sinh(double x)

　　　　功能：返回参数 x 的双曲正弦函数值。

　　　　头文件：math.h

sqrt

　　　　原型：double sqrt

　　　　功能：返回参数 x 的平方根值。

　　　　头文件：math.h

srand

      原型：`void srand(unsigned seed)`

      功能：初始化随机函数发生器。

      头文件：stdlib.h

_status87

      原型：`unsigned int_status87()`

      功能：取浮点状态。

      头文件：float.h

tan

      原型：`dounle tan(double x)`

      功能：返回参数 x 的正切函数值。

      头文件：math.h

tanh

      原型：`double tanh(double x)`

      功能：返回参数 x 的双曲正切函数值。

      头文件：math.h

3. 转换函数

atof

      原型：`double atof(char*nptr)`

      功能：返回一双精度型数，由其 nptr 所指字符串转换而成。

      头文件：math.h，stdlib.h

atoi

      原型：`int atoi(char*nptr)`

      功能：返回一整数，其由 nptr 所指字符串转换而成。

      头文件：stdlib.h

atol

      原型：`long atol(char*nptr)`

      功能：返回一长整型数，其由 nptr 所指字符串转换而成。

      头文件：stdlib.h

fcvt

      原型：`char*fcvt(double value,int ndigit,int*decpt,int*sign)`

      功能：将浮点型数转换成 FORTRAN F 格式的字符串。

      头文件：stdlib.h

gcvt

      原型：`char*gvct(double value,int ndigit,char*buf)`

      功能：把 value 转换为以空字符结尾、长度为 ndigit 的串，结果放在 buf 中，返回所得串的指针。

      头文件：stdlib.h

itoa

　　原型：`char*itoa(double value,char*string,int radix)`

　　功能：把一个整形数 value 转换为字符串。即将 value 转换为以' \ 0'结尾的串。结果存在 string 中，radix 为转换中数的基数，函数返回值为指向字符串 string 的指针。

　　头文件：stdlib.h

strtod

　　原型：`double strtod(char*str,char**endptr)`

　　功能：把字符串 str 转化为双精度数。endptr 不为空，则其为指向终止扫描的字符的指针。函数返回值为双精度数。

　　头文件：string.h

strtol

　　原型：`long strtol(char*str,char*endptr,int base)`

　　功能：把字符串 Str 转换为长整形数。endptr 不为空，则其为指向终止扫描的字符指针。函数返回值为长整形数。参数 base 为要转换整数的基数。

　　头文件：string.h

ultoa

　　原型：`char*ultoa(unsigned long value,char*string,int radix)`

　　功能：转换一个无符号长整型数 value 为字符串。即 value 转换为以'\0'结尾的字符串，结果保存在 string 中 1，radix 为转换中数的基数，返回值为指向串 string 的指针。

　　头文件：stdlib.h

4. 串和内存操作函数

memccpy

　　原型：`void*memccpy(void*destin,void*source,unsigned char ch,unsignde n)`

　　功能：从源 source 中复制 n 个字节到目标 destin 中。复制直至第一次遇到 ch 中的字符为止（ch 被复制）。函数返回值为指向 destin 中紧跟 ch 后面字符的地址或为 NULL。

　　头文件：string.h, mem.h

memchr

　　原型：`void*memchr(void*s,char ch,unsigned n)`

　　功能：在数组 x 的前 n 个字节中搜索字符 ch。返回值为指向 s 中首次出现 ch 的指针位置。如果 ch 没有在 s 数组中出现。返回 NULL。

　　头文件：string.h, mem.h

memcmp

　　原型：`void*mencmp(void*s1,void*s2,unsigned n)`

　　功能：比较两个字符串 s1 和 s2 的前 n 个字符，把字节看成是无符号字符型。如果 s1<s2，返回负值；如果 s1=s2，返回零；否则 s1>s2，返回正值。

　　　　头文件：string.h，mem.h

　　memcpy

　　　　原型：`void*memcpy(void*destin,void*source,unsigned n)`

　　　　功能：从源 source 中复制 n 个字节到目标 destin 中。

　　　　头文件：string.h，men.h

　　memicmp

　　　　原型：`int*memicmp(void*s1, void*s2,unsigned n)`

　　　　功能：比较两个串 s1 和 s2 的前 n 个字节，大小写字母同等看待。如果 s1<s2，返回
　　　　　　　负值；如果 s1=s2，返回零；如果 s1>s2，返回正值。

　　　　头文件：string.h，mem.h

　　memmove

　　　　原型：`void*memmove(void*destin,void*source,unsigned n)`

　　　　功能：从源 source 中复制 n 个字节到目标 destin 中。返回一个指向 destin 的指针。

　　　　头文件：string.h，mem.h

　　memset

　　　　原型：`void*memset(void*s,char ch,unsigned n)`

　　　　功能：设置 s 中的前 n 个字节为 ch 中的值（字符）。返回一个指向 s 的指针。

　　　　头文件：string.h，mem.h

　　setmem

　　　　原型：`void setmem(void*addr,int len,char value)`

　　　　功能：将 len 个字节的 value 值保存到存储区 addr 中。

　　　　头文件：mem.h

　　strcat

　　　　原型：`char*strcat(char*destin,const char*source)`

　　　　功能：把串 source 复制连接到串 destin 后面（串合并）。返回值为指向 destin 的指针。

　　　　头文件：string.h

　　strchr

　　　　原型：`char*strchr(char*str,char c)`

　　　　功能：查找串 str 中某给定字符（c 中的值）第一次出现的位置；返回值为 NULL 时表
　　　　　　　示没有找到。

　　　　头文件：string.h

　　strcmp

　　　　原型：`int strcmp(char*str1,char*str2)`

　　　　功能：把串 str1 与另一个串 str2 进行比较。当两字符串相等时，函数返回 0；str1<str2
　　　　　　　返回负值；str1>str2 返回正值。

　　　　头文件：string.h

　　strcpy

　　　　原型：`int*strcpy(char*str1,char*str2)`

功能：把 str2 串复制到 str1 串变量中。函数返回指向 str1 的指针。

头文件：string.h

strcspn

原型：int strcspn(char*str1,*str2)

功能：查找 str1 串中第一个出现在串 str2 中的字符的位置。函数返回该指针位置。

头文件：string.h

strdup

原型：char*strdup(char*str)

功能：分配存储空间，并将串 str 复制到该空间。返回值为指向该复制串的指针。

头文件：string.h

stricmp

原型：int stricmp(chat*str1,char*str2)

功能：将串 str1 与另一个串 str2 进行比较，不分字母大小写。返回值同 strcmp()。

头文件：string.h

strlen

原型：unsigned strlen(char*str)

功能：计算 str 串的长度。函数返回串长度值。

头文件：string.h

strlwr

原型：char*strlwr(char*str)

功能：将 str 串中的大写字母转换为小写字母。

头文件：string.h

strncat

原型：char*strncat(char*destin,char*source,int maxlen)

功能：把串 source 中的最多 maxlen 个字节加到串 destin 之后（合并）。函数返回指向
已连接的串 destin 的指针。

头文件：string.h

strncmp

原型：int strncmp(char*str1,char*str2,int maxlen)

功能：把串 str1 与串 str2 的头 maxlen 个字节进行比较。返回值同 strcmp()函数。

头文件：string.h

strnset

原型：char*strnset(char*str,char ch,unsigned n)

功能：将串 str 中的前 n 个字节设置为一给定字符（中的值）。

头文件：string.h

strpbrk

原型：char*strpbrk(char*str1,char*str2)

功能：查找给定字符串 str1 中的字符在字符串 str2 中第一次出出现的位置，返回位置

指针。若未查到，则返回 NULL。

头文件：string.h

strrchr

原型：`char*strrcgr(char*str,char c)`

功能：查找给定字符（c 的值）在串 str 中的最后一次出现的位置。返回指向该位置的指针，若为查到，则返回 NULL。

头文件：string.h

strrev

原型：`char*strrev(char*str)`

功能：颠倒串 str 的顺序。函数返回颠倒顺序的串的指针。

头文件：string.h

strset

原型：`char*strset(char*str,char c)`

功能：把串中所有字节设置为给定字符（c 的值）。函数返回串的指针。

头文件：string.h

strspn

原型：`int strspn(char*str1,char*str2)`

功能：在串 str1 中找出第一次出现 str2 的位置。函数返回 str2 在 str1 中的位置数。

头文件：string.h

strstr

原型：`char*strstr(char*str1,char*str2)`

功能：查找串 str2 在串 str1 中首次出现的位置。返回指向该位置的指针。找不到匹配则返回空指针。

头文件：string.h

strtok

原型：`char*strtok(char*str1,char*str2)`

功能：把串 str1 中的单词用 str2 所给出的一个或多个字符所组成的分隔符分开。

头文件：string.h

strupr

原型：`char*strupr(char*str)`

功能：把串 str 中所有小写字母转换大写字母。返回转换后的串指针。

头文件：string.h

5. 输入/输出函数

access

原型：`int access(char*filename,int mode)`

功能：确定 filename 所指定的文件是否存在及文件的存取权限。如果 filename 指向一目录，则返回该目录是否存在。mode 权限值（00，0204，06）；如果所要确定的存取权限是允许的, 返回 0; 否则返回-1, 并将全局变量 errno 置为: ENOENT 路径名或文件名没有找到; EACCES 权限不对。

头文件: io.h

cgets

原型: `char*cgets(char*string)`

功能: 从控制台读字符串给 string。返回串指针。

头文件: conio.h

chmod

原型: `int chmod(char*filename,int permiss)`

功能: 改变文件的存取方式、读/写权限。filenane 为文件名, permiss 为文件权限值; 函数返回值为-1 时, 表示出错。

头文件: io.h

clearerr

原型: `void clearerr(FILE*stream)`

功能: 复位 stream 所指流式文件的错误标志。

头文件: stdio.h

close

原型: `int close(int handle)`

功能: 关闭文件。handle 为已打开的文件号; 返回值为-1 时表示出错。

头文件: io.h

cprintf

原型: `int cprintf(char*format[,argument, …])`

功能: 格式化输出至屏幕。*format 为格式串; argument 为输出参数; 返回所输出的字符数。

头文件: conio.h

cputs

原型: `void cputs(char*string)`

功能: 写一字符串到屏幕。string 为要输出的串。

头文件: conio.h

creat

原型: `int creat(char*filename,int permiss)`

功能: 创建一个新文件或重写一个已存在的文件。filename 为文件名, permiss 为权限。函数返回值为-1 时, 表示出错。

头文件: io.h

cscanf

原型: `int cscanf(char*format[,argumen, …])`

功能: 从控制台格式化输入。format 为格式串, argument 为输入参数; 返回被正确转换和赋值的数据项数。

头文件：conio.h

dup

原型：`int dup(int handle)`

功能：复制文件句柄（文件号）。handle 为已打开的文件号。

头文件：io.h

dup2

原型：`int dup2(int oldhandle,int newhandle)`

功能：复制文件句柄（文件号），即使 newhandle 文件号与 oldhandle 文件号指向同一文件。

头文件：io.h

eof

原型：`int eof(int*handle)`

功能：（检测文件结束。handle 为已打开的文件号。返回值为 1 时，表示文件结束；否则为 0；–1 表示出错。

头文件：io.h

fclose

原型：`int fclose(FILE*stream)`

功能：关闭一个流。stream 为流指针。返回 EOF 时，表示出错。

头文件：stdio.h

fcloseall

原型：`int fcloseall(void)`

功能：关闭所有打开的流。返回 EOF 时，表示出错。

头文件：stdio.h

feof

原型：`int feof(FILE*stream)`

功能：检测流上文件的结束标志。返回非 0 值时，表示文件结束。

头文件：stdio.h

ferror

原型：`int ferror(FILE*stream)`

功能：检测流上的错误。返回 0 时，表示无错。

头文件：stdio.h

fflush

原型：`int fflush(FILE*stream)`

功能：清除一个流。返回 0 时，表示成功。

头文件：stdio.h

fgetc

原型：`int fgect(FILE*stream)`

功能：从流中读一个字符。返回 EOF 时，表示出错或文件结束。

头文件：stdio.h

fgetchar

原型：`int fgechar(void)`

功能：从流中读取字符。返回 EOF 时，表示出错或文件结束。

头文件：stdio.h

fgets

原型：`char*fgets(char*string,int n,FILE*stream)`

功能：从流中读取一字符串。string 为存串变量；n 为读取字节个数；stream 为流指针，返回 EOF 时，表示出错或文件结束。

头文件：stdio.h

filelength

原型：`long filelength(int handle)`

功能：取文件的度。handle 为已打开的文件号；返回 –1 时，表示出错

头文件：io.h

fopen

原型：`FILE*fopen(char*filename,char*type)`

功能：打开一个流。filename 为文件名；type 为允许访问方式。返回指向打开文件夹的指针。

头文件：stdio.h

fprintf

原型：`int fprintf(FILE*stream,char*format[,argument,…]`

功能：传送格式化输出到一个流。stream 为流指针；format 为格式串；argument 为输出参数。

头文件：stdio.h

fputc

原型：`int fpuct(int ch,FILE*stream)`

功能：送一个字符到一个流中，ch 为被写字符。stream 为流指针；返回被写字符。返回 EOF 时，表示可能出错。

头文件：stdio.h

fputchar

原型：`int fputchar(char ch)`

功能：送一个字符到标准的输出流（stdout）中，ch 为被写字符。返回被写字符。返回 EOF 时，表示可能出错。

头文件：stdio.h

fputs

原型：`int fputs(char*string,FILE*stream)`

功能：送一个字符串到流中，string 为被写字符串。stream 为流指针；返回值为 0 时，表示成功。

头文件：stdio.h

fread

原型：`int fread(void*ptr,int size,int nitems,FILE*stream)`

功能：从一个流中读数据，ptr 为数据存储缓冲区，size 为数据项大小（单位是字节），nitems 为读入数据项的个数；stream 为流指针；返回实际读入的数据项个数。

头文件：stdio.h

freopen

原型：`FILE*freopen(char*filename,char*type,FILE*stream)`

功能：关闭当前所指流式文件，使指针指向新的流。filename 为新文件名。type 为访问方式；stream 为流指针；返回新打开的文件指针。

头文件：stdio.h

fscanf

原型：`int fscanf(FILE*stream, char*format[,argument,…])`

功能：从一个流中执行格式化输入。stream 为流指针，format 为格式串，argument 为输入参数。

头文件：stdio.h

fseek

原型：`int fseek(FILE*stream,long offset,int fromwhere)`

功能：重新定位流上读/写指针。stream 为流指针，offset 为偏移量（字节数），fromwhere 为起始位置。返回 0 时，表示成功。

头文件：stdio.h

fstat

原型：`int fstat(char*handle,struct stat*buff)`

功能：获取打开文件的信息。handle 为已打开的文件号，buff 为指向 stat 结构的指针，用语存放文件的有关信息。返回–1 时，表示出错。

头文件：sys\stst.h

ftell

原型：`long ftell(FILE*stream)`

功能：返回当前文件操作指针。返回流式文件当前位置。

头文件：stdio.h

fwrite

原型：`int fwrite(void*ptr,int size,int nitems,FILE*stream)`

功能：写内容到流中。ptr 为被写出的数据存储缓冲区，size 为数据项大小（单位是字节），nitems 为写出的数据项个数，stream 为流指针。返回值为实数写出的完整数据项个数。

头文件：stdio.h

getc

原型：`int getc(FILE*stream)`

功能：从流中取字符。stream 为流指针。返回所读入的字符。

头文件：stdio.h

getch

原型：`int getch(void)`

功能：从控制台无回显地读取一个字符。返回所读入的字符。

头文件：conio.h

getchar

原型：`int getchar(void)`

功能：从标准输入流（stdin）中取一字符。返回所读入的字符。

头文件：conio.h

getche

原型：`int getche(void)`

功能：从控制台取一字符，并回显。返回所读入的字符。

头文件：conio.h

getpass

原型：`char*getpass(char*prompt)`

功能：读一个口令。prompt 为提示字符串。函数无回显地返回指令向输入口令（超过 8 个字符的串）的指针。

头文件：conio.h

gets

原型：`char*gets(char*string)`

功能：从标准设备上（stdin）读取一个字符串。string 为存放读入串的指针。返回 NULL 时，表示出错。

头文件：conio.h

getw

原型：`int getw(FILE*stream)`

功能：从流中去一个二进制的整型数。stream 为流指针。返回所读到的数值（EOF 表示出错。

头文件：stdio.h

kbhit

原型：`int kbhit(void)`

功能：检查控制台是否有键按动。返回非 0 时，表示有按键。

头文件：conio.h

lseek

原型：`long lseek(int handle,long offset,int fromwhere)`

功能：移动文件读/写指针。handle 为已打开的文件号。offset 为偏移量（字节数）；fromwhere 为初始位置。返回 –1 时，表示出错。

头文件：io.h

open

原型：int open(char*pathname,int access[,permiss])

功能：打开一个文件用于读或写。pathname 为文件名；access 为允许操作类型；permiss 为权限。返回所打开的文件序号。

头文件：io.h

perror

原型：void perror(char*string)

功能：打印系统错误信息。string 为字符串提示信息。函数打印完提示信息之后，打印一个冒号，然后打印相对于当前 error 值的信息。

头文件：stdio.h

printf

原型：int printf(char*format[,argument])

功能：从标准输出设备（stdout）上格式化输出。format 为格式串，argument 为输出参数。

头文件：stdio.h

putc

原型：int putc(int ch,FILE*stream)

功能：输出字符到流中。ch 为被输出的字符，stream 为流指针。函数返回被输出的字符。

头文件：stdio.h

putch

原型：int putch(int ch)

功能：输出一个字符到控制台。ch 为要输出的字符。返回值为 EOF 时，表示出错。

头文件：conio.h

putchar

原型：int putchar(int ch)

功能：输出一个字符到标准输出设备（stdout）上。ch 为要输出的字符。返回被输出的字符。

头文件：conio.h

puts

原型：int puts(char*string)

功能：输出一个字符串到标准输出设备（stdout）上。string 为要输出的字符串。返回值为 0 时，表示成功。

头文件：conio.h

putw

原型：int putw(int w,FILE*stream)

功能：将一个二进制整数写到流的当前位置。w 为被写的二进制整数，stream 为流指针。

头文件：stdio.h

read

　　　　原型：int read(int handle,void*buf,nbyte)

　　　　功能：从文件中读。handle：已打开的文件号；buf：存储数据的缓冲区；nbyte：读取
　　　　　　　的最大字节。返回成功读取的字节数。

　　　　头文件：io.h

remove

　　　　原型：int remove(char*filename)

　　　　功能：删除一个文件。filename：被删除的文件名；返回–1 时，表示出错。

　　　　头文件：stdio.h。

rename

　　　　原型：int rename(char*oldname,char*newname)

　　　　功能：改文件名。oldname：旧名；newname：新名。返回值为 0，表示成功。

　　　　头文件：stdio.h

rewind

　　　　原型：int rewind(FILE*stream)

　　　　功能：将文件指针重新指向一个流的开头。stream：流指针。

　　　　头文件：stdio.h

scanf

　　　　原型：int scanf(char*format[,argument,…])

　　　　功能：从标准输入设备上格式化输入。format：格式串；argument：输入参数项。

　　　　头文件：stdio.h

setbuf

　　　　原型：void setbuf(FILE*stream,char*buf)

　　　　功能：把缓冲区与流相联。

　　　　头文件：stdio.h

setmode

　　　　原型：int setmode(int handle,unsigned mode)

　　　　功能：设置打开文件方式。handle：文件号；mode：打开方式。

　　　　头文件：io.h

setvbuf

　　　　原型：int setvbuf(FILE*stream,char*buf,int type,unsigned size)

　　　　功能：把缓冲区与流相联。stream：流指针；buf：用户定义的缓冲区；type：缓冲区
　　　　　　　类型；size：缓冲区大小。

　　　　头文件：dos.h

sprint

　　　　原型：int sprint(char*strint,char*format[,argument,…])

　　　　功能：格式输出到字符串 string 中。

　　　　头文件：stdio.h

sscanf

　　原型：int sscanf(char*string,char format[,argument,…])

　　功能：执行从串 string 中输入。

　　头文件：stdio.h

strerror

　　原型：char*strerror(int errnum)

　　功能：返回指向错误信息字符串的指针。

　　头文件：stdio.h

tell

　　原型：long tell(int handle)

　　功能：取文件，读/写指针的当前位置。

　　头文件：io.h

ungect

　　原型：int ungect(char ch,FILE*stream)

　　功能：把一字符串退回输入流中。

　　头文件：stdio.h

ungecth

　　原型：int ungecth(int ch)

　　功能：把一个字符退回到键盘缓冲区中。

　　头文件：conio.h

vfprintf

　　原型：int vfprintf(FILE*stream,char*format,va_list param)

　　功能：送格式化输出到流 stream 中。

　　头文件：stdio.h

vfscanf

　　原型：int vfscanf(FILE*stream,char*format,va_list param)

　　功能：从流 stream 中进行格式化输入。

　　头文件：stdio.h

vprintf

　　原型：int vprintf(char*format,va_list param)

　　功能：送格式化输出到标准的输出设备。

　　头文件：stdio.h

vscanf

　　原型：int vscanf(char*format,va_list param)

　　功能：从标准的输入设备（stdin）进行格式化输入。

　　头文件：stdio.h

vsprintf

　　原型：int vsprintf(char*string,char*format,va_list param)

功能：送格式化输出到字符串 string 中。

头文件：stdio.h

write

原型：`int write(int handle,void*buf,int nbyte)`

功能：将缓冲区 buf 的内容写入一个文件中。handle 为已打开的文件；buf 为要写（存）
　　　的数据；nbyte 为字节数。返回值为实际所写的字节数。

头文件：io.h

参 考 文 献

[1] 李学刚，杨丹等.C 语言程序设计[M].北京:高等教育出版社，2013.

[2] 赵凤芝.C 语言程序设计能力教程[M].北京:中国铁道出版社，2006.

[3] 王声决,罗坚.C 语言程序设计[M].北京:中国铁道出版社，2005.

[4] 周雅静.C 语言程序设计实用教程[M].北京:清华大学出版社，2009.

[5] 谭浩强.C 程序设计[M].2 版.北京:清华大学出版社，1999.

[6] 管银枝，胡颖辉.C 语言程序设计实例教程[M].北京: 人民邮电出版社，2011

[7] 宗大华.C 语言程序设计教程[M].3 版.北京: 人民邮电出版社，2011

[8] 杨俊清. 程序设计基础（C 语言）[M].西安: 西安电子科技大学出版社，2009